A. DEBAINS

LES

MACHINES AGRICOLES

SUR LE TERRAIN

RÉCOLTES

PARIS
SOCIÉTÉ D'ÉDITIONS SCIENTIFIQUES
4, Rue Antoine Dubois, 4

1895

LES

MACHINES AGRICOLES

SUR LE TERRAIN

INSTRUCTIONS PRATIQUES

SUR L'UTILITÉ ET L'EMPLOI

des Machines agricoles sur le Terrain

PAR

A. DEBAINS

Ingénieur des Arts et Manufactures

Professeur de Génie rural à l'Ecole Nationale d'Agriculture de Grand-Jouan

LABOURS, SEMAILLES ET RÉCOLTES

Ouvrage contenant 232 figures dans le texte
et 80 clichés de Machines agricoles en Appendice

PARIS

SOCIÉTÉ D'ÉDITIONS SCIENTIFIQUES

4, rue Antoine Dubois

1895

A Monsieur EUGÈNE TISSERAND,

Conseiller d'Etat,

Directeur de l'Agriculture.

MONSIEUR LE DIRECTEUR,

Vous m'avez souvent exprimé le regret de ne pas trouver, dans les ouvrages qui traitent de la Mécanique agricole, des renseignements pratiques sur la manière de se servir des instruments sur le terrain. Dans ce Traité, j'ai cherché à combler cette lacune. Si, après y avoir jeté un coup d'œil, vous pensez que j'ai en partie atteint le but que je me proposais, j'estimerai que je n'ai pas perdu mon temps, et fait une œuvre utile à l'Agriculture.

Veuillez agréer, Monsieur le Directeur, l'assurance de mon respectueux dévouement.

A. DEBAINS.

AVANT-PROPOS

La plus grande difficulté que l'on rencontre dans la publication d'un ouvrage où l'on traite des Machines agricoles, réside dans la nécessité de compléter les descriptions de ces machines par des planches explicatives.

Ce livre ayant surtout pour but d'indiquer les règles, qui doivent guider l'Agriculteur dans l'appréciation du fonctionnement d'un instrument sur le terrain, il m'a été possible de simplifier beaucoup les dessins, et de les réduire à de simples schémas explicatifs. Ces schémas n'ont donc d'autre but que de permettre à l'Agriculteur de connaître les principes sur lesquels on doit s'appuyer pour se rendre compte du travail d'un outil.

Enfin, j'insiste sur ce point, que les appareils décrits, en totalité ou en partie, ne servent qu'à expliquer le genre de travail qu'ils doivent exécuter, l'auteur de cet ouvrage n'ayant pas pris à tâche de faire l'historique des instruments couramment employés en agriculture, mais seulement d'indiquer d'une manière générale le meilleur moyen d'utiliser les instruments sur le terrain.

C'est assez faire connaître aux constructeurs français et étrangers, que je ne ferai pas la description de toutes les machines, même de celles qui sont fort employées, les instruments cités ne l'étant qu'à titre d'exemples, permettant d'apprécier le travail que l'on est en droit d'exiger d'eux pour l'exécution des différentes opérations culturales.

[illegible]

[illegible]

[illegible]

[illegible]

[illegible]

[illegible]

TROISIÈME PARTIE

Récoltes

J'ai indiqué dans les deux premières parties de cet ouvrage, qui traitent des *Labours* et des *Semailles*, quels sont les instruments les plus perfectionnés permettant de préparer convenablement le terrain à recevoir les semences, de confier ces semences au sol dans les conditions les plus favorables, et de débarrasser les plantes, qui y germent et se développent, de tous les parasites entravant leur croissance et vivant à leurs dépens. J'ai insisté sur la bonne exécution de ces travaux ; mais tous les efforts faits seraient inutiles, si le cultivateur ne disposait pas, au moment opportun, des moyens les plus puissants et les plus rapides pour recueillir les produits des plantes arrivées à leur maturité, en un mot pour en effectuer la *Récolte*.

Les plantes cultivées étant de natures très différentes, les procédés employés pour les récolter varient beaucoup et nécessitent dans chaque exploitation l'emploi d'un outillage considérable, dont l'achat grève lourdement le budget de l'agriculteur, qui a, par conséquent, intérêt à bien se rendre compte des avantages qu'il peut retirer de cet outillage.

C'est à le guider dans le choix et la conduite des instruments nécessaires à ces travaux qu'est destinée cette troisième partie. Elle ne s'occupe que des récoltes de la grande et de la moyenne culture, à l'exception de celles du raisin et des fruits, qui n'exigent jusqu'à ce jour que des outils d'une extrême simplicité.

Cette troisième partie traite de trois groupes de récoltes et comprend sept chapitres :

Récolte des fourrages

Chapitre Ier. Faucheuses.
— II. Faneuses.
— III. Rateaux à cheval.

Récolte des céréales

Chapitre IV. Moissonneuses simples et javeleuses.
— V. — lieuses.

Récolte des racines et des tubercules

Chapitre VI. Arracheuses de betteraves et de chicorées.
— VII. Arracheuses de pommes de terre.

RÉCOLTE DES FOURRAGES

Chapitre Ier

Faucheuses

On voit toujours, en France surtout, arriver avec une certaine appréhension le moment de la récolte des fourrages, qui se fait généralement à une époque de l'année où de fréquentes pluies d'orage peuvent la retarder et la compromettre ; aussi l'emploi des faucheuses mécaniques s'est-il promptement répandu dans les campagnes, dès qu'elles sont devenues pratiques. Les agriculteurs ont en effet vite compris l'avantage d'instruments permettant d'exécuter promptement la coupe des fourrages, au moyen de leurs attelages assez peu occupés à cette saison. Toutefois la vente des faucheuses subit souvent des temps d'arrêt, parce qu'on voit un certain nombre de cultivateurs abandonner les outils achetés après quelques années d'usage. Cet abandon vient du peu de soin qu'on apporte généralement dans l'entretien de ces instruments, dont les organes sont assez délicats et demandent à être tenus constamment en bon état. Cependant, lorsqu'on connaît bien toutes les parties qui constituent une faucheuse, il est facile de réparer ou de changer en temps utile les pièces souvent peu coûteuses qui sont hors de service, et par conséquent de maintenir l'outil en marche normale. C'est à la connaissance de toutes ces parties que je désire initier l'agriculteur. Pour les bien comprendre il faut les étudier successivement, et je ferai cette étude dans l'ordre suivant : *1° Appareil de Coupe* ; *2° Organes de transmission de mouvement*; *3° Bâti.*

1° L'*appareil de coupe* comprend la *lame de scie* qui est mobile, et une barre rigide portant des pièces évidées appelées *doigts*. La lame de scie est composée d'une série de pièces en acier de forme triangulaire, présentant du côté du fourrage à couper le sommet un peu tronqué d'un triangle ; les deux côtés, qui par leur intersection forment ce sommet, sont amincis en lame de couteau. Ces pièces C (fig. 1) ont reçu le nom de *sections*. L'angle que forment les deux couteaux de chaque section varie un peu avec les constructeurs. Les sections à angle aigu pénètrent mieux dans la récolte, mais elles s'usent vite, ce qui les raccourcit et les empêche d'effectuer complètement le travail de coupe ; celles de ce type donnent de bons résultats dans les herbes fines et molles, qui tendraient à fuir devant des couteaux trop larges à la base. Pour les prairies artificielles et les herbes dures à grosses tiges, les sections formant un angle se rapprochant de 90° sont préférables. Toutes ces pièces sont rivées sur une barre en acier portant à une de ses extrémités un renflement percé d'un trou alésé avec soin, dans lequel se place la bielle de transmission de mouvement. Quelques constructeurs avaient essayé de fixer les sections sur la barre de coupe à l'aide de petits boulons ; mais ces boulons, pour ne pas entraver la marche de la lame devant être à tête fraisée, serrés avec des écrous très plats, s'ébranlent vite, et on a dû abandonner ce mode d'attache. Des

Fig. 1.

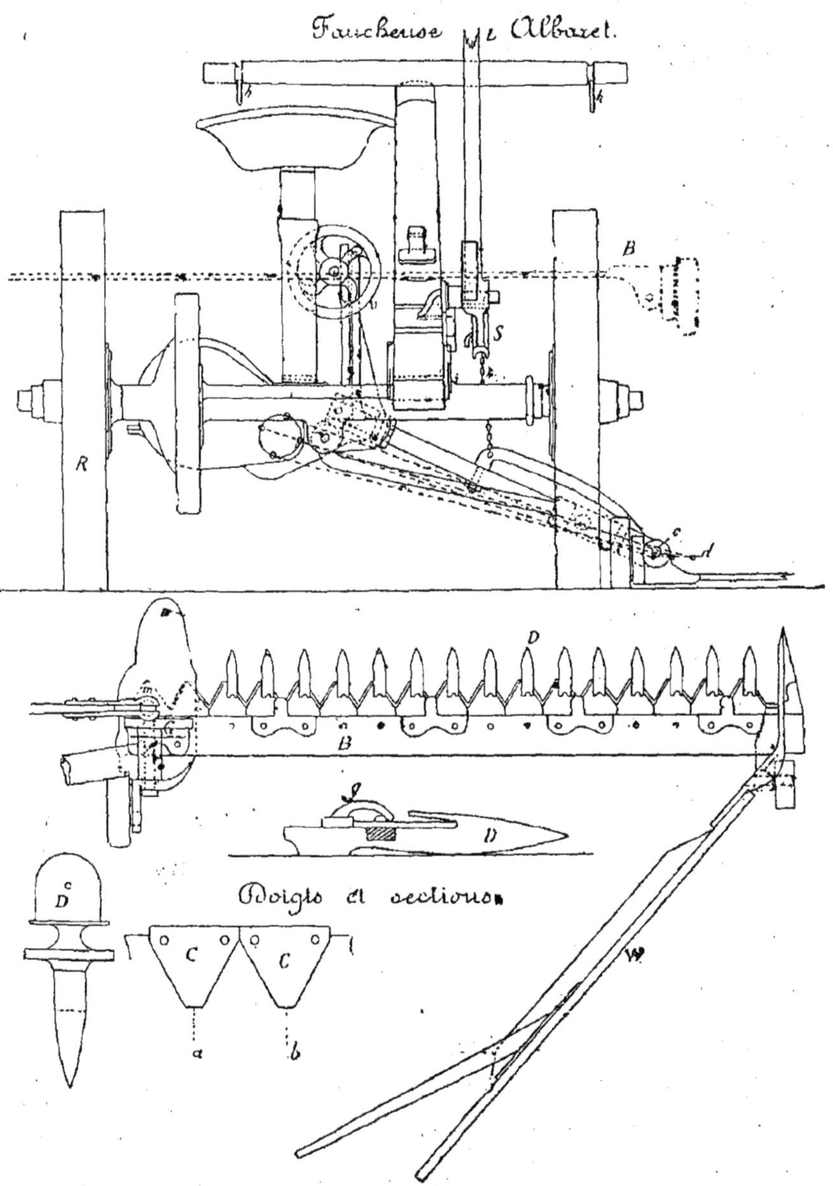

guides maintiennent la scie dans un même plan, ce qui est indispensable, car sans cela le fouettement de la lame ou l'introduction de matières étrangères pourraient faire dévier les sections qui alors couperaient les doigts.

Il est indispensable que la course *c d* de la bielle actionnant la scie (fig. 1) soit moins grande que la distance *a b*, existant dans le plan horizontal entre le milieu de deux sections consécutives, afin que ces sections n'aient plus beaucoup à couper au commencement et à la fin de la course, moment où la vitesse de la scie tend à devenir nulle pour le changement de sens du mouvement ; mais cependant il ne faut pas trop diminuer cette course, car il pourrait arriver que des portions d'herbes ne fussent pas serrées entre les sections et les doigts à l'aller et au retour. En pratique *a b* doit varier entre les 3/4 et les 4/5 de *c d*.

La lame de scie est animée d'un mouvement de va et vient très rapide, en s'appuyant sur la barre fixe qui porte les doigts entre lesquels elle circule. Les doigts D (fig. 1) se font aujourd'hui en acier fondu ou en fonte malléable ; quelques constructeurs, M. Samuelson par exemple, les font en fer forgé, ils sont enlevés à la matrice et fraisés ensuite pour le passage des sections ; souvent aussi des plaques d'acier rapportées supportent à la partie inférieure l'usure provenant du glissement de la lame de scie. Dans les premières faucheuses construites, on faisait les doigts assez épais, ce qui empêchait de raser le sol aussi près qu'avec la faux. Aujourd'hui ces doigts D, évidés au milieu, présentent en outre une rainure où s'encastre la barre qui supporte les sections, rapprochant ainsi beaucoup de terre le plan de coupe ; ils sont en pointes relevées à l'avant et à jour sur le côté, de telle sorte que la terre qui s'introduit dans la lame, au passage des taupinières ou des fourmilières par exemple, peut s'échapper rapidement sans occasionner d'engorgement.

L'ensemble de la lame de scie et des doigts s'appelle *barre de coupe*. Généralement, en travail, cette barre se déplace dans un plan parallèle au sol sur lequel elle s'appuie, mais dans certains cas on a intérêt à l'incliner soit d'arrière en avant *en piquant*, soit d'avant en arrière *en relevant*. C'est M. Wood qui le premier a muni ses faucheuses d'un levier spécial permettant d'obtenir à volonté ces différentes positions de la scie. Pour arriver

Fig. 2

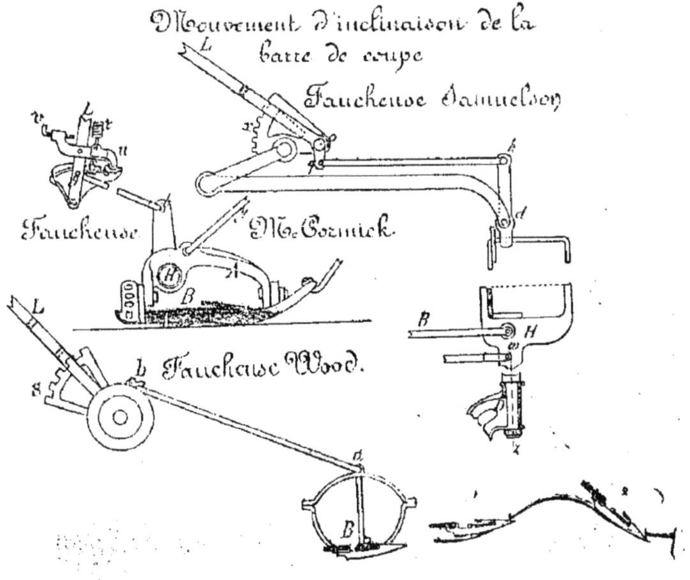

à ce résultat, ce constructeur rend la barre de coupe B (fig. 2) solidaire d'une arcade sur laquelle vient se fixer en a une tige *a b*, insérée en *b* sur un cercle pouvant se déplacer au moyen du levier L, qui peut être arrêté dans la position qu'on veut sur le secteur à crans S. Avec cette disposition, la barre B d'abord horizontale peut prendre une position plus ou moins inclinée, soit (1) ou (2) par exemple, suivant la nature des obstacles ou la disposition du fourrage à couper.

Dans la faucheuse Samuelson (fig. 2), le levier L à la main du conducteur peut être arrêté par un cran en un point quelconque du secteur denté *x* ; il est articulé en *o*, et par l'intermédiaire de la tige *q h* il incline plus ou moins la pièce H, et par conséquent la barre qui en est solidaire ; cette pièce H est terminée par une portée tournée *z*, et peut osciller librement dans le support D fixé au bâti.

Le levier L, réglant l'inclinaison de la barre de la faucheuse Mac Cormick, agit aussi par une tige *g h*, fixée en *h* sur une pièce *h* H rendue solidaire de l'arcade A qui supporte la barre de coupe B. Cette barre B est maintenue dans l'inclinaison voulue à l'aide d'une petite pièce *u* fixée sur L, portant un bec disposé pour entrer dans des crans *x*. Cette pièce *u* est manœuvrée par une poignée située à l'extrémité supérieure de L, et maintenue dans les crans par le ressort *r*. Ce système se distingue des autres par l'adjonction de la vis *v*, dont on peut faire porter l'extrémité sur L, ce qui empêche la pièce *u* d'entrer dans les crans *x* ; de telle sorte que la barre B devient pour ainsi dire folle et peut suivre les ondulations du terrain, prenant l'inclinaison que lui donne l'appui du sabot B sur le sol. Cette disposition est très bonne pour les terrains inégaux, elle force la barre à s'incliner, et à se relever même presque verticalement sans le concours du conducteur, si les inégalités du terrain l'exigent.

M. Albaret obtient les mouvements d'inclinaison de la barre de coupe à l'aide d'une vis, et d'un volant *v* (fig. 1) qui remplace le levier ; ce volant donne une position plus stable à la barre de coupe, mais agit avec moins de rapidité.

Quel que soit le système employé pour obtenir l'inclinaison de la barre de coupe, levier ou volant, la disposition doit être telle qu'elle ne vienne pas gêner la transmission du mouvement à la lame de scie. C'est une difficulté que les constructeurs n'avaient pu vaincre au début et qui est parfaitement résolue aujourd'hui. Cette facilité de faire varier l'angle, sous lequel travaille la barre de coupe, a une grande importance en pratique ; elle permet, en faisant piquer les doigts, de les faire pénétrer entre les tiges de foin versé, au-dessus desquelles la scie passerait sans cela ; en outre, lorsqu'on relève la barre d'arrière en avant, on peut faire passer la scie au-dessus des taupinières ou autres petits soulèvements du terrain. Toutefois ce levier d'inclinaison ne préserverait pas complètement la barre de coupe dans le cas où un obstacle sérieux, une borne par exemple, se présenterait devant la faucheuse ; il faut alors que cette barre puisse se relever brusquement. On obtient généralement ce relèvement à l'aide d'un levier à la main du conducteur (fig. 1), actionnant une chaîne z qui passe sur un secteur S, et vient s'attacher à la barre de coupe.

Plusieurs constructeurs, et en particulier la maison Adriance Platt, ont adopté une disposition permettant au conducteur de relever brusquement la barre de coupe avec le pied. Dans la faucheuse Adriance, ce mouvement s'obtient à l'aide d'une pédale H (fig. 3), qui, au moyen d'une pièce I J terminée par un galet en J, soulève le levier L, et agit aussi sur la chaîne g de relevage de la barre ; de telle sorte que dans cette disposition, le conducteur peut agir simultanément avec le pied et la

Fig. 3

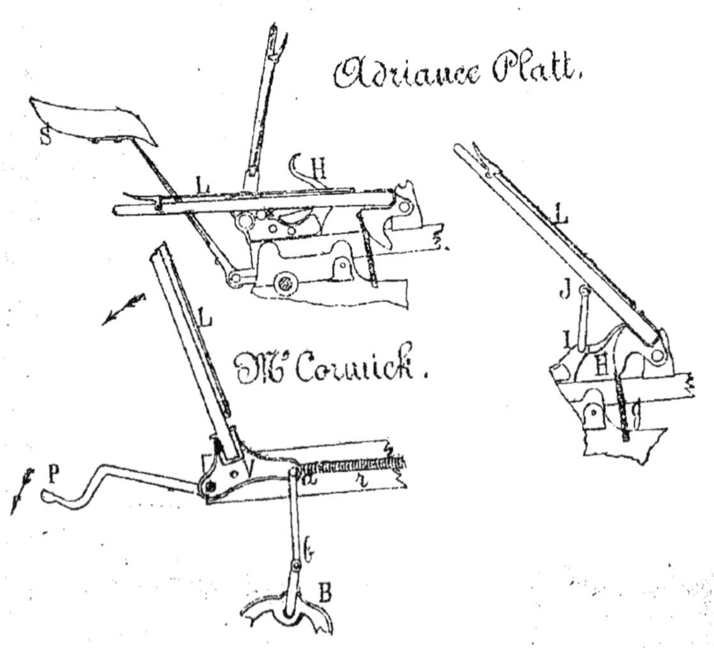

main, et obtenir ainsi un très brusque soulèvement, si un obstacle se présente.

La pédale P de la faucheuse Mac Cormick est solidaire de la pièce en fonte V qui porte le levier L de relevage à la main. Quand on appuie sur L et sur P, dans le sens des flèches, on relève B par l'intermédiaire de la tige *a b* articulée en *a* sur V, en *b* sur une pièce embrassant B ; un ressort *r* placé sur le timon, facilite le mouvement de relevage.

Vitesse de la scie. — La lame de scie reçoit au moyen d'une bielle un mouvement rectiligne alternatif d'un plateau manivelle et d'un système d'engrenages que je décrirai plus loin. Ce mouvement doit être très rapide, et atteint 7 à 800 tours par minute dans certaines machines. Cette énorme vitesse, pour un organe dont la marche change de sens à chaque tour de la manivelle, est le plus grand inconvénient que présente l'emploi des faucheuses ; elle ébranle tout le bâti de l'instrument, et il se produit des chocs violents lorsqu'un obstacle, venant à se loger entre les sections et les doigts, amène un arrêt brusque ; presque toujours dans ce cas la lame se rompt. Il est vrai que le retard causé par cet accident peut ne pas être long, car on doit toujours avoir plusieurs lames de rechange, mais, outre la dépense, ces ruptures ont de plus grands inconvénients qu'une perte de temps ; il résulte des chocs qu'elles produisent une dislocation générale de la machine, et si l'on ne remplace pas de suite les pièces faussées ou les coussinets ovalisés, l'instrument est vite hors de service, surtout dans le cas où le jeu devient tel que la scie puisse fouetter au point de venir, malgré les guides, couper les doigts fixés sur la barre.

La bielle, qui transmet le mouvement à la scie, est fixée d'une part à la tête de lame, de l'autre à un plateau manivelle. Ces bielles sont en bois, en fer ou en acier, ou bien encore formées d'une combinaison de bois et de lames d'acier. Cette pièce est soumise à des efforts d'allongement, de flexion et de torsion ; elle doit être très résistante et en même temps très flexible. La disposition adoptée par M. Mac Cormick (fig. 4), dans la bielle de sa faucheuse, répond bien à ces conditions ; elle se compose d'une pièce de bois centrale B à la fois flexible et résistante, enserrée dans des pièces en fer plat *l l* retenues par des boulons *b*. Du côté de la tête de lame, les pièces *l* se recourbent pour maintenir le coussinet

Fig. 4

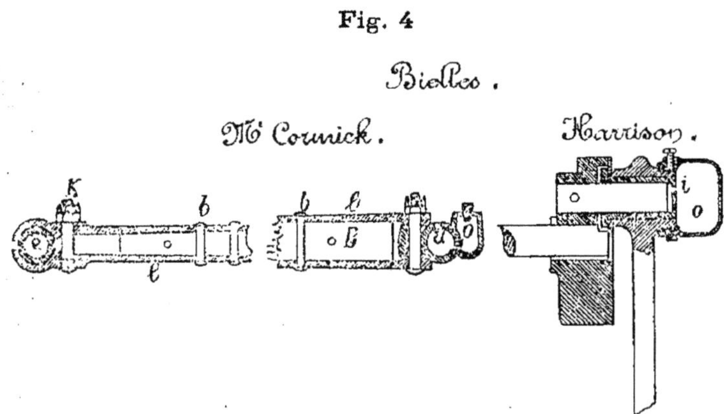

en bronze *e* que l'on retient par le bouton K ; du côté du plateau manivelle, le coussinet *u* du bouton manivelle fixé par un autre boulon est solidaire d'un réservoir *o* pour l'huile, qui lubréfie sans cesse la tête de bielle. Ainsi disposée, cette pièce amortit, par sa longueur et sa flexibilité, les chocs dus aux changements brusques de direction du mouvement. La tête de bielle de la faucheuse Harrison-Mac-Gregor porte aussi un réservoir l'huile, mais mieux disposé que celui de la Mac-Cormick. Ce réservoir *o* (fig. 4), disposé comme les supports d'essieu à patent des voitures, envoie constamment, en quantités très petites mais suffisantes, de l'huile à la tête par un petit trou conique *i*. Avec ce système, le réservoir *o* une fois plein, le bouton manivelle peut être suffisamment lubréfié pendant une demi-journée, grand avantage pour une pièce qui, fatiguant beaucoup, est rapidement mise hors de service.

Les attaches de bielle à la lame de scie étaient bien défectueuses dans les premières machines. Les anciens modèles Wood ne portaient qu'une espèce de crochet, qui s'usait ou ovalisait la tête en produisant un loquement caractéristique, faisant reconnaître à une grande distance une faucheuse en travail. Beaucoup de perfectionnements ont été apportés depuis à cette pièce, et le meilleur est celui de la dernière faucheuse Samuelson. Dans cette machine (fig. 5) la partie supérieure a de la tête de lame est carrée ; elle glisse sur un guide en fonte recourbé K, surmonté d'un graisseur *u*, versant continuellement quelques gouttes d'huile sur le petit cylindre formant l'extrémité de la bielle pénétrant dans a. Enfin, ce qui est très important, la lame de scie est maintenue, dans la même position rectiligne, par une pièce en fonte *b* formant contre-glissière, qu'on peut relever pour enlever la scie ; un ressort *r* appuie constamment *b* contre *a* et empêche le mouvement latéral, même si les pièces ont un peu d'usure.

Lorsque la faucheuse est conduite aux champs ou ne travaille pas, il y a intérêt à protéger la scie et à faire tenir à l'instrument le moins de place possible. Pour cela la barre coupeuse peut se relever verticalement par une articulation, et elle est ensuite retenue dans cette position par un crochet à ressort. Il faut que ce mouvement s'effectue facilement et sans fausser la bielle. Une bonne disposition est adoptée par la maison Albaret dans sa faucheuse la *persévérante* (fig. 1); la barre de coupe, pour le transport au lieu d'être verticale, est repliée horizontalement sur le timon, ce qui la met plus à l'abri des accidents de route et lui fait tenir moins de place.

La barre de coupe est supportée par deux petites roues (fig. 1 et 5), l'une I placée du côté de la bielle, dont on peut relever l'axe, de manière à maintenir la coupe à une hauteur plus ou moins grande, l'autre située du côté opposé réglable de la même manière ; cette dernière roue a son axe fixé dans une pièce en fonte de même forme que les doigts, mais plus allongée (fig. 1), séparant en marche le foin à couper de la récolte debout. Sur cette pièce est boulonnée une barre oblique W, qui resserre en andains étroits le foin coupé, pour former une piste destinée au passage des chevaux.

Dans les machines que je viens de décrire la barre de coupe est située en avant des roues porteuses. Un certain nombre de machines portent cette barre en arrière des

Fig. 5

Bâti et transmissions de mouvements de la faucheuse Samuelson

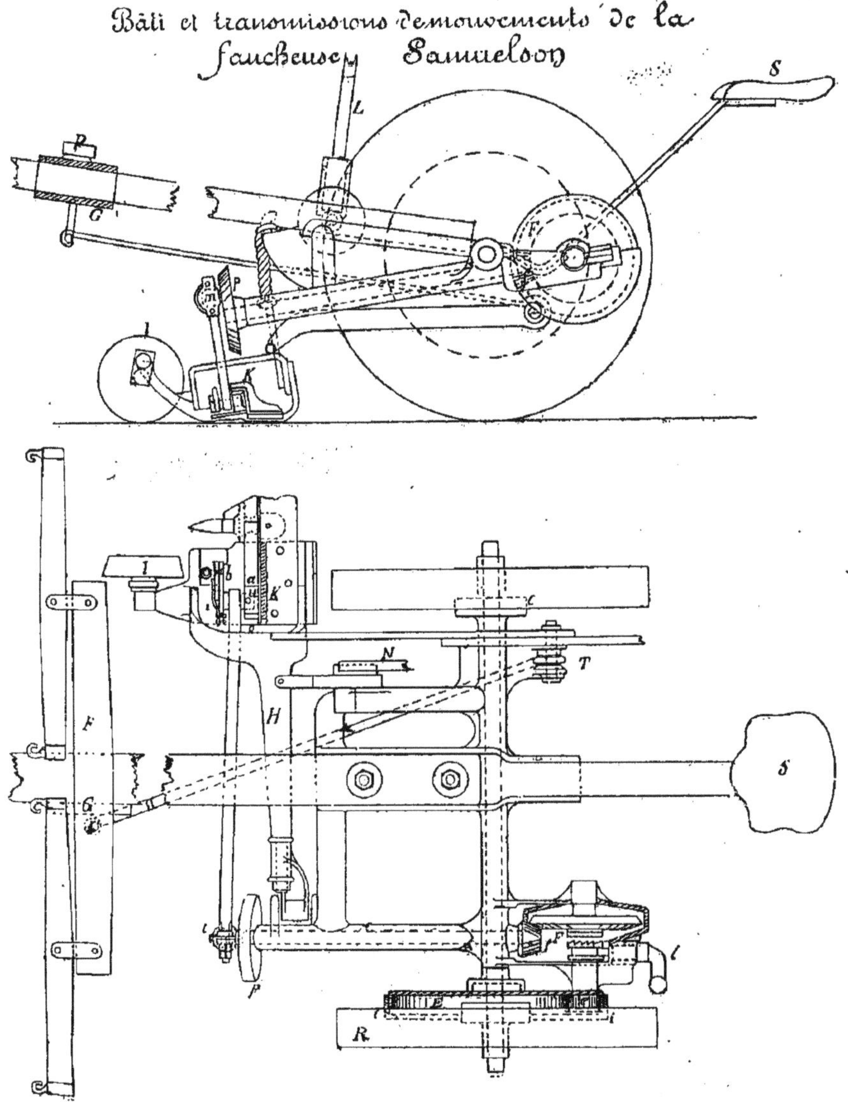

roues ; selon les constructeurs qui ont adopté cette disposition, la coupe à l'arrière fait d'autant plus adhérer les roues au sol que la résistance est plus forte et facilite la surveillance de la machine, puisque le conducteur, de son siège, voit les obstacles avant que la scie y arrive ; mais les terribles accidents qui peuvent résulter de cette position, pour le conducteur, y ont fait renoncer ; en effet, si la personne qui conduit la machine, en se baissant pour graisser certains organes ou en se laissant aller au sommeil, vient à tomber, elle est prise par les doigts et la scie, et déchirée avant que les chevaux aient le temps de s'arrêter. D'ailleurs les inconvénients, au point de vue de la traction, de la position de la barre à l'avant, n'existent plus dans les dispositions nouvelles adoptées pour l'insertion de la chaîne, dispositions dont il sera parlé ultérieurement.

2° Transmission du mouvement à la scie. — Pour obtenir le mouvement très rapide de la scie, il faut employer plusieurs engrenages intermédiaires, et leur groupement ne laisse pas que de présenter certaines difficultés. Les solutions variées du problème, adoptées par les différents constructeurs, ne répondent pas toutes aux conditions, multiples il est vrai, nécessaires pour assurer une bonne marche. Evidemment le point de départ du mouvement réside dans les roues porteuses. Sur les premières faucheuses Wood et Samuelson, les roues R (fig. 6), étaient munies chacune d'un grand engrenage à denture intérieure A, commandant un pignon a, calé sur l'arbre *mn* parallèle à l'es-

Fig. 6

Transmission de mouvements de la faucheuse Wood ancienne

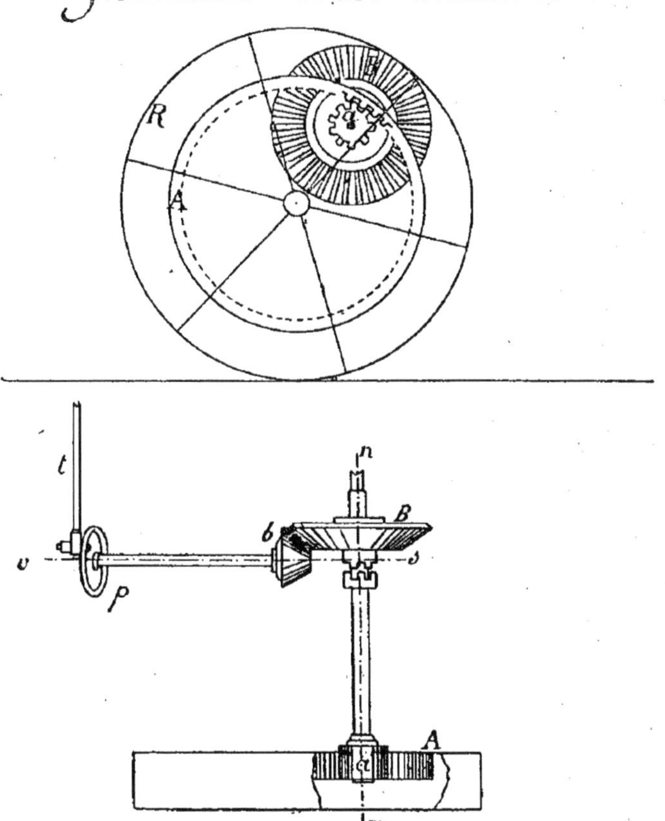

sieu. Cet arbre porte un engrenage conique B, actionnant un pignon b, placé sur l'arbre qui transmet le mouvement au plateau manivelle p et à la bielle t. Le pignon a est solidaire d'une roue à rochet, que le chien placé sur la roue R entraine dans le sens de la coupe, tandis qu'au contraire ce chien glisse lorsqu'on recule la machine, et ne transmet pas le mouvement. Dans la machine Wood A porte 104 dents, a 14, l'engrenage B 45 et *b* 11 dents.

Ce mode de transmission, qui a l'avantage de donner un bras de levier considérable au départ par le grand diamètre de l'engrenage des roues porteuses, présente deux incovénients : 1° il est difficile que les deux roues R tournent absolument de la même manière, et dans le cas de divergence dans leur marche, par suite d'usure ou autres causes, l'arbre des pignons subit une torsion qui contribue à user rapidement les dents, 2° le grand engrenage A étant trop près du sol s'encrasse de terre ou d'herbe coupée, et ne fonctionne plus convenablement.

Ces inconvénients ont déterminé les constructeurs à adopter un système tout différent composé d'engrenages, réunis dans un petit espace et enfermés dans une boîte en fonte les protégeant contre la poussière et la terre. C'est le type de la faucheuse Sprague qui a eu un certain moment une grande vogue, et des faucheuses Harrisson Mac-Grégor, et Wood dite nouvelle. Dans cette dernière machine (fig. 7), il n'y a qu'une des deux roues porteuses R, qui transmet le mouvement à l'arbre MN par l'intermédiaire d'une boite à cliquet ; sur cet arbre est calé l'engrenage A, qui actionne le pignon *a* fixé au second arbre *o p*, portant un engrenage B, commandant un autre pignon *b*, solidaire d'un manchon entourant l'arbre MN, sur lequel il est monté fou. Une roue conique E, faisant corps avec le même manchon, transmet le mouvement à *e* calé sur *w*, arbre du plateau manivelle. La grande roue R ayant 0m,70 de diamètre, les chevaux allant à une vitesse de 1 mètre par seconde, l'arbre MN fait 30 tours à la minute, *o p* 90 tours, l'arbre *b* 180 tours et *w* 720 tours. Tout le système tient fort peu de place ; en réalité E pénètre dans A sans toucher à son moyeu, mais j'ai éloigné un peu ces deux engrenages dans la figure, pour rendre le mouvement plus compréhensible.

Fig. 7

Transmission de mouvements de la faucheuse Wood nouvelle.

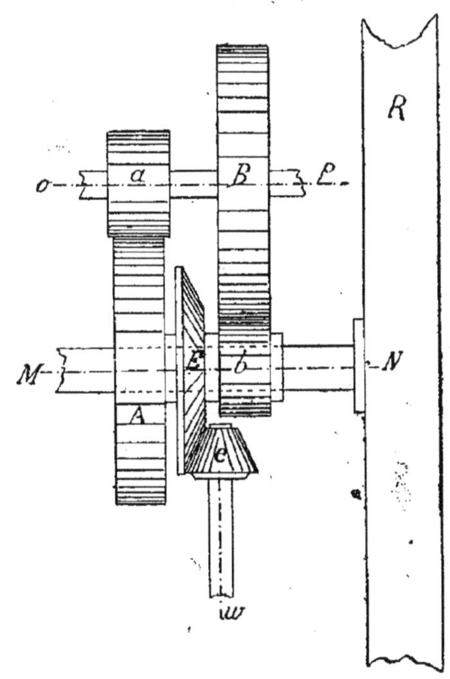

Ces engrenages très ramassés ont l'inconvénient de demander beaucoup plus d'effort au départ, parce que le bras de levier de la puissance ne s'y exerce que par un engrenage de diamètre relativement faible. Dans les faucheuses Mac-Cormick du dernier modèle (fig. 8), l'engrenage A et la roue conique E étant de plus grands diamètres, on a plus de volée et on supprime un intermédiaire, ce qui diminue l'usure et les pertes de travail. Les coussinets de cette machine faits avec un métal spécial ne s'usent pas vite et donnent peu de frottement ; ils sont d'ailleurs très facilement démontables.

Fig. 8

Mouvement de la McCormick.

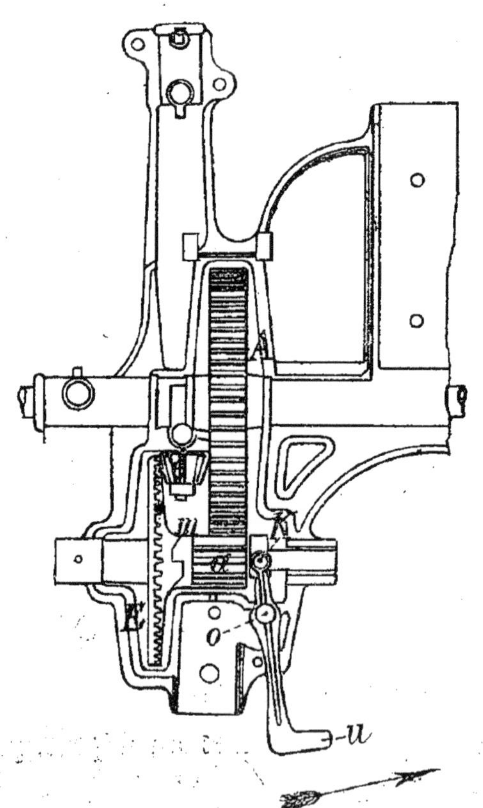

Enfin, dans les dernières faucheuses Wood et Samuelson, on est revenu à la couronne dentée fixée sur la roue porteuse, et pour éviter l'encrassement des engrenages, on a dans ces nouvelles machines, celle de Samuelson par exemple (fig. 5), diminué le diamètre de cette couronne dentée et réussi à enfermer tout le mécanisme, malgré son développement, dans un système protecteur contre les engorgements provenant des herbes coupées. L'engrenage à denture intérieure E, complètement enfermé dans une boîte *i*, a 84 dents, il commande un pignon e de 12 dents ; ce pignon est calé sur un arbre, portant à son autre extrémité une roue conique F de 49 dents engrenant avec un pignon *f* de 12 dents, qui transmet le mouvement à l'arbre du plateau manivelle *p*. Ce système me paraît répondre mieux que tous les autres aux conditions du problème de la transmission du mouvement des roues porteuses à la bielle.

Un mécanisme tout différent des autres, est celui qui a été appliqué à la faucheuse, dite *Toronto*, qui transforme directement le mouvement de rotation en un mouvement rectiligne alternatif par deux engrenages différentiels ; mais ce mécanisme, ingénieux et simple, demande des organes très solides et difficiles à construire ; il n'est plus employé aujourd'hui, en France du moins.

Il est indispensable de pouvoir arrêter promptement le mouvement de la scie, très dangereux à cause de sa rapidité, et susceptible de disloquer la machine, s'il rencontre un obstacle. Pour cela l'arbre où sont calés les engrenages de commande doit pouvoir devenir fou ou s'embrayer par un mouvement rapide simple et à la portée du conducteur. Le levier d'embrayage *u* de la faucheuse Mac-Cormick (fig. 8) oscille autour d'un point fixe *o* pour agir en K sur une bague qui embrasse le manchon de a ; lorsqu'on appuie sur *u* dans le sens de la flèche on fait pénétrer l'une dans l'autre les mâchoires *m*, et l'on met la scie en marche ; dans le sens contraire les mâchoires s'éloignent l'une de l'autre et la scie s'arrête. L'embrayage de l'Albion de la maison Harrison-Mac-Grégor (fig. 9) se fait par une pièce K, qui agit sur l'arbre *m n* en déplaçant un petit prisonnier *l* maintenu entre deux bagues calées sur le manchon à griffes *g*.

3° Bâti. — Les bâtis des faucheuses sont aujourd'hui en fonte malléable ou en acier, celui de la dernière Wood est en tubes d'acier, très rigide et léger. Le bâti est supporté par deux roues (fig. 9) qui servent à transmettre le mouvement. Les jantes de ces roues R portent des saillies S parallèles à leur essieu ; ces saillies sont nécessaires, car si les jantes étaient lisses, les roues auraient, sous l'effort de traction, une tendance à glisser et par conséquent à ne pas faire marcher la scie. Dans le début de l'emploi des faucheuses on n'osait pas transporter ces instruments sur les routes avec ces roues à saillies, et on prolongeait l'essieu pour y loger deux roues de transport d'un plus grand diamètre qu'on enlevait en arrivant au champ. On a renoncé à ces roues de transport, qui exigeaient un surcroît de dépense et des appareils de levage pour les enlever ou les remettre ; celles des faucheuses, mieux construites aujourd'hui, résistant bien, même sur des routes empierrées ou pavées.

Le siège du conducteur S doit être placé à l'arrière, pour équilibrer le poids de l'instrument et soulager le collier des chevaux en soulevant le timon ; cette disposition a aussi pour avantage de permettre au conducteur de surveiller dans toutes ses parties le fonctionnement de la machine. Le siège de la Wood (fig. 11) est monté sur double ressort en acier, ce qui amortit les chocs et soulage le conducteur.

Fig. 9

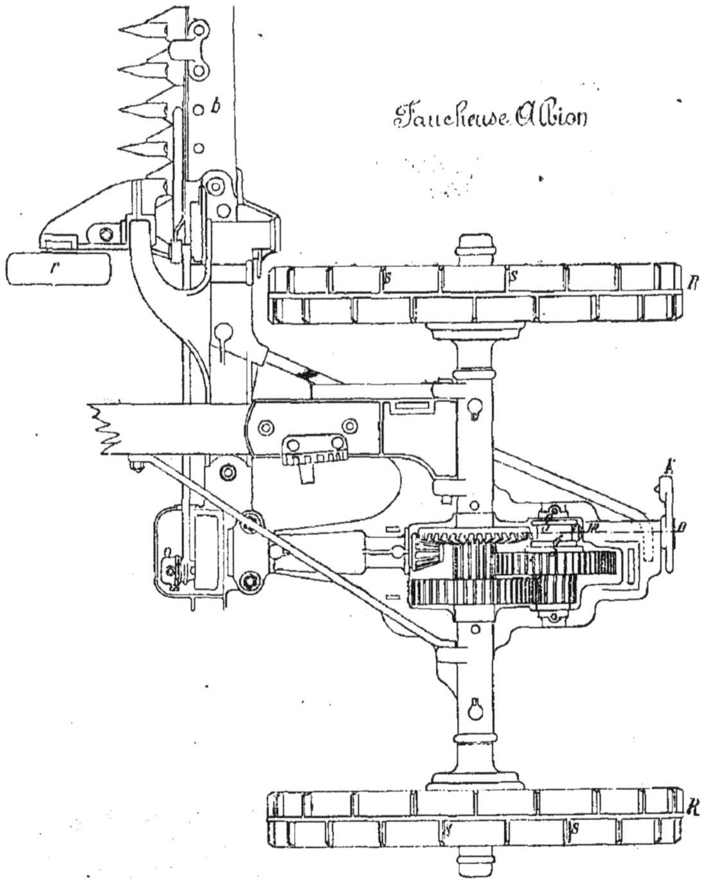

Faucheuse Albion

La maison Adriance Platt a encore apporté un perfectionnement à la disposition du siège où le poids du conducteur équilibre celui de la barre de coupe ; en effet ce siège S (fig. 10) est solidaire d'un arc de cercle A ou s'insère un levier *l*, articulé en O à une pièce B relevant ou abaissant, suivant le poids en S, la barre de coupe par l'intermédiaire de la chaîne *g* ; l'arc A porte une graduation en livres, qui permet de fixer la tête du levier *i* à la place correspondant au poids du conducteur. Ce système diminue la traction et augmente l'adhérence des roues ainsi que la stabilité de la machine.

Fig. 10

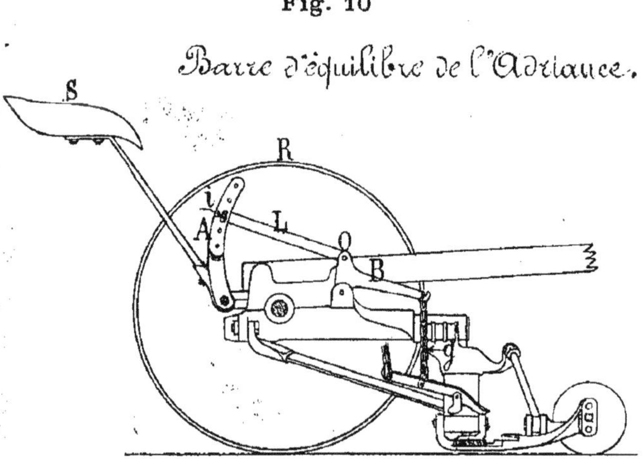

Les faucheuses sont généralement traînées par deux chevaux ; elles portent un timon T (fig. 1 et 11) à l'extrémité duquel se fixe une barre horizontale très solide. Cette barre porte à sa partie inférieure une espèce d'anneau, qui sert à la maintenir dans une encoche de la pièce en fonte formant la tête du timon ; elle sert à attacher les lanières h (fig. 1) qui, fixées aux colliers des chevaux, leur permettent de reculer facilement l'instrument. Dans les premières machines, on attelait les chevaux sur des palonniers placés directement sur le timon, mais cette attache manquait d'élasticité et fixait le tirage trop loin du point d'insertion de la résultante des efforts de traction. Les dispositions adoptées dans les faucheuses Wood, Mac-Cormick et Samuelson sont bien préférables.

La barre de traction de la Wood (fig. 11) est fixée en a sur le bâti, elle glisse sur un galet g supporté sous le timon, et est terminée par un crochet où se fixe le palonnier. La Mac-Cormick est tirée par un palonnier placé au-dessus du timon, mais attaché par une pièce C D sur le milieu d'une barre, qui a son point d'attache en A, et porte à son autre extrémité un crochet B, où vient s'attacher la barre de tirage B T fixée en T sur le bâti.

Fig. 11

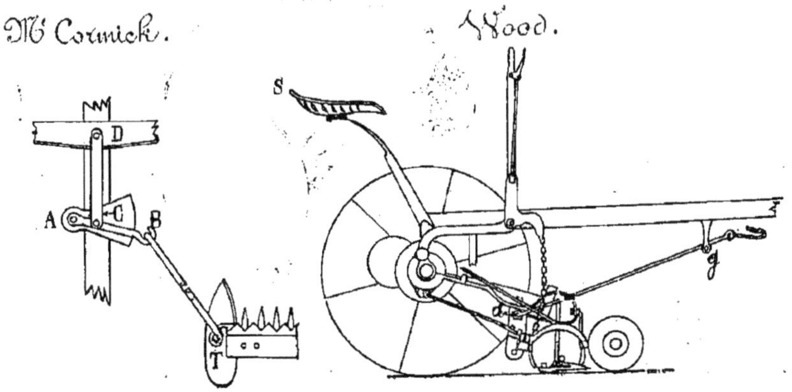

Par cette disposition le levier A B, si la faucheuse rencontre un obstacle, tourne autour du point A, et ramène en arrière C et par conséquent le palonnier, ce qui tend à faire arrêter les chevaux et amortit beaucoup le choc. Dans la faucheuse Samuelson (fig. 5), la traction a son point d'insertion en T à l'arrière de la machine, et vient obliquement en G sous le timon, sur une pièce mobile formant glissière où s'attache le palonnier P.

Avec tous les perfectionnements apportés aujourd'hui dans la construction des faucheuses, ces instruments devraient être employés avec avantage dans presque toutes les exploitations, soit par un propriétaire ou fermier ayant une étendue suffisante en prairies naturelles ou artificielles, soit par une réunion de cultivateurs se syndiquant pour acheter un outil ; et cependant on abandonne les faucheuses dans certaines contrées, et on n'en achète pas en quantités suffisantes dans les contrées où la main-d'œuvre est rare et coûteuse. Cela vient de ce que les personnes, qui en ont acheté, n'ont su ni les faire manœuvrer ni les maintenir en bon état. Cet instrument demande, il est vrai, à être entretenu avec soin. Entre une charrue et une faucheuse, il y a la même différence qu'entre un gros cheval de trait et un cheval de course ; tout le monde sait que ce dernier demande plus de soins que le premier, parce que toutes les parties de son corps doivent être soignées et entretenues pour donner les efforts violents qu'on lui demande. Il est aussi évident qu'une faucheuse, dont les organes principaux se meuvent avec une grande vitesse, a besoin de plus d'entretien que la charrue qui marche lentement.

Si l'on veut qu'une faucheuse puisse faire un bon travail et servir longtemps, il faut qu'elle soit bien conduite et bien entretenue lorsqu'elle fonctionne, mise à l'abri des intempéries lorsqu'elle ne travaille plus. La partie qu'il faut le plus soigner c'est la barre de coupe et surtout la lame de scie. Il est indispensable d'avoir au moins deux ou trois lames de rechange, de manière à ne laisser travailler chacune d'elles qu'une heure et demie ou deux heures. Il y a intérêt à employer un ouvrier spécial toute la journée pour affûter les scies et surveiller le travail. Cette dépense d'un ouvrier adroit, même s'il est payé assez cher, est largement compensée par l'augmentation de surface fauchée, la qualité du travail et la diminution de l'effort de traction. Lorsqu'on possède deux faucheuses, il vaut mieux les placer dans un même champ, un bon ouvrier pouvant servir à l'entretien des lames et à la surveillance de deux machines.

L'affûtage des sections des lames de scies, surtout lorsqu'elles sont en acier très dur, doit se faire avec des meules, mais un petit coup de lime est nécessaire pour le terminer. Ce travail est assez délicat, il est important d'aiguiser les sections également et sur une même largeur. Les meules en grès sont préférables à celles d'émeri qui rayent l'acier et le détrempent. L'ouvrier se fatigue à tenir la lame pour la présenter à la meule, qui est à sa circonférence taillée en biseau sur une largeur à peu près égale à la profondeur des sections, et souvent le travail est irrégulier. Afin d'éviter cette fatigue et rendre le travail plus régulier, M. Rigault a disposé sur le bâti un *guide à coulisse* qui permet toujours d'appuyer convenablement les sections sur le biseau de la meule sans avoir à soutenir le poids de la lame; en outre on peut changer de côté le guide et utiliser ainsi les deux faces du biseau; mais de toutes façons, pour terminer l'affûtage, un coup de lime est nécessaire. On effectue cette dernière partie du travail en plaçant la lame sur deux mâchoires d'étaux qu'on visse au bâti. Quand elle est bien fixée, on appuie la lime sur les sections, en commençant par le bord intérieur du biseau d'affûtage pour aller vers la partie extérieure, c'est-à-dire la partie amincie formant ligne de coupe, et on la ramène en arrière sans la faire travailler, de manière à former une série de stries parallèles descendant toujours dans le même sens. Les limes, dont on doit se servir, sont les limes plates de 25 milimètres environ de large à *une taille*, c'est-à-dire à rainures dans un seul sens. Les limes, dites à deux tailles, portent des rainures disposées sur deux sens, qui forment en se coupant de petits prismes, dont les têtes rayent les bords de sections et s'usent vite. Ces limes ont en outre l'inconvénient d'être très difficiles à décrasser.

Quel que soit le soin apporté dans l'affûtage il ne dure pas, et lorsque la scie ne coupe plus, l'effort sur les sections augmentant, la bielle prend du jeu, soit du côté de la scie, soit du côté du plateau manivelle, ce qui amène un ébranlement considérable dans la machine et la disloque. Il faut avoir soin de vérifier souvent toutes les pièces de la faucheuse, remplacer les coussinets usés, s'assurer du serrage des boulons et se rendre compte de l'état des pièces travaillantes. Cet examen doit se faire à midi, quand les animaux de trait sont retournés à la ferme ; on évite ainsi des pertes de temps, et on contrôle la marche de l'outil en dehors de la vue de l'ouvrier qui le conduit.

Dans la plupart des exploitations, on ne regarde jamais la faucheuse ; si une pièce cassée ou abîmée, nécessite le démontage de la machine, ce démontage se fait généralement sans soin ; on jette les pièces, engrenages, coussinets et boulons, sans aucune précaution sur la terre ou dans l'herbe. Un bon moyen d'éviter cet inconvénient, c'est de faire établir par l'ouvrier, chargé d'affûter les scies et d'entretenir la machine, une planche à rebords (fig. 12), ouverte d'un côté, portant sur

Fig. 12

Boîte de démontage

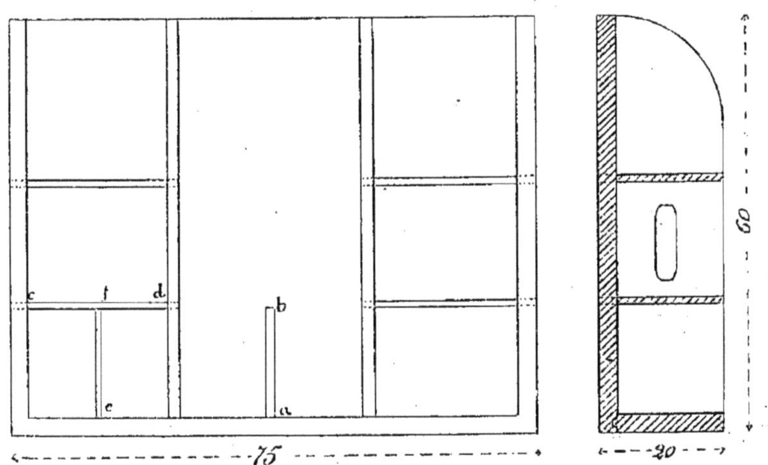

les rebords latéraux deux évidements, permettant de loger les mains pour la transporter ; cette planche est munie de compartiments *a b*, *c d*, *e f*, où l'on peut placer séparément les engrenages, les coussinets, les boulons dans un certain ordre ; toutes les pièces sont ainsi à la main de l'ouvrier, au moment du remontage, et ne peuvent ni se salir ni se perdre.

La campagne finie, la faucheuse ne doit pas être laissée en plein air ou sous un hangar mal clos. Il faut démonter les principales pièces, se rendre compte s'il y a des parties usées, de manière à demander de suite au constructeur les pièces de rechange destinées à les remplacer ; car si on attend pour réclamer ces pièces le moment où l'on doit se servir à nouveau de l'outil, le constructeur ou le dépositaire, pressé par tout le monde à la fois au dernier moment, peut ne pas en être muni, et alors toute la campagne de fauchage peut être compromise par un retard dans l'envoi des pièces de rechange. Enfin la machine doit être remontée et essayée quinze jours avant le moment où l'on s'en sert, afin que le cultivateur soit absolument sûr de son bon fonctionnement au moment où les travaux pressent.

Mise en marche de la machine. — La manière de faire travailler une faucheuse sur le terrain a aussi une certaine influence sur la qualité du travail et la durée de l'outil. Pour éviter de la main-d'œuvre on fait passer les chevaux à travers le fourrage à faucher qu'ils abattent avec leurs pieds. Cette pre-

première tranche coupée tout autour du champ doit être faite en sens contraire du travail ultérieur, la petite roue support de la barre de coupe du côté opposé au bâti (fig. 1) devant suivre exactement, et même déborder si c'est possible le contour extérieur du champ, de manière à former une piste tout autour. Les chevaux doivent ensuite marcher sur la piste ainsi fauchée et en sens contraire, pour prendre en-dessous l'herbe abattue par les pieds des chevaux, au-dessus de laquelle passerait la scie si on coupait le fourrage dans le même sens. Quand le champ est rectangulaire, il faut faire avancer l'attelage à chaque angle, de manière à couper complètement la bande commencée, puis faire tourner les chevaux, et les reculer ensuite pour ne reprendre la bande perpendiculaire à couper, que lorsque la scie a marché quelque temps à vide, a *pris de la volée comme on dit*. C'est un point très important surtout lorsque l'herbe est mouillée ; si on ne prend pas cette précaution, il y a des parties non fauchées aux angles entraînant entre les doigts de l'herbe arrachée, qui ne tarde pas à faire bourrer la machine. Dans le cas de bourrage il faut faire reculer les chevaux, débrayer la scie pour éviter les accidents et nettoyer la barre de coupe. Ces bourrages sont très préjudiciables à la conservation d'une faucheuse ; ils ébranlent le bâti, disloquent les pièces et usent les sections ; la plupart du temps ils pourraient être évités, si le conducteur était attentif. D'autres personnes préfèrent supprimer les pertes de temps et les inconvénients des arrêts de la machine aux angles, en les arrondissant d'abord, soit à la faulx, soit avec la machine elle-même ; le travail est alors continu et se fait mieux.

Pendant la marche de l'outil, le conducteur doit regarder en avant de la lame de scie, prêt à relever brusquement la barre avec la main ou le pied, si un obstacle se présente, pierre, borne, souche d'arbre, etc. ; s'il voit une partie de fourrage versée, il doit faire hâter le pas à ses chevaux, pour dégager la scie par un mouvement rapide. La fatigue des animaux est aussi un indice du mauvais état d'affût de la lame, et quand le conducteur s'en aperçoit, même si cette lame a été remplacée depuis peu de temps, il doit vérifier l'état des sections, leur usure plus rapide qu'à l'ordinaire ayant pu se produire par une partie de récolte plus forte et plus dure, ou par la nature du sol plus siliceux ou plus pierreux dans cette partie du champ par exemple. Ces précautions sont souvent difficiles à obtenir des charretiers ordinaires, aussi beaucoup de cultivateurs s'astreignent-ils à conduire eux-mêmes leur faucheuse, sur laquelle ils attèlent leurs chevaux de luxe.

Prix de revient du travail d'une faucheuse sur le terrain. — Je n'indiquerai ici que le prix de revient du travail exécuté par les faucheuses à deux chevaux ; accidentellement on peut se servir pour de petites exploitations de faucheuses de moindre largeur de coupe, conduites par un cheval maintenu dans un brancard ; mais ces instruments qui sont loin d'exécuter moitié du travail des faucheuses à deux chevaux, ne coûtent guère moins et l'animal qui les conduit fatigue beaucoup.

Le prix de revient du fauchage mécanique dépend de l'effort de traction que nécessite l'instrument employé. Cet effort varie, non-seulement avec la disposition de l'outil et sa plus ou moins bonne construction, mais encore avec l'état du sol. Lorsque le terrain est détrempé les roues enfoncent, entraînant de la terre qui se loge dans les engrenages et dans la barre de coupe, abaissée par l'enfoncement des roues aux endroits humides ; la scie alors rase le sol, s'encrasse, et l'effort devient plus considérable. Il vaudrait mieux dans ce cas interrompre le travail, mais souvent lorsque le temps se met au beau, après une longue série de pluies, l'agriculteur a hâte de rattraper le temps perdu. Il est donc intéressant de connaître l'effort de traction des différentes faucheuses dans les terrains encore humides et dans ce cas, les machines qui roulent le mieux sont celles qui donnent les meilleurs résultats. Aussi exécute-t-on les épreuves dynamométriques en soumettant les faucheuses à trois essais successifs.

1° Essai de l'instrument comme une simple voiture, sans qu'aucun organe soit embrayé.

2° Essai de l'instrument sur un terrain fauché ou sur une route, l'appareil de coupe étant embrayé pour fonctionner à vide.

3° Essai de l'instrument en travail dans différentes espèces de fourrage.

Autrefois on plaçait le dynamomètre sur le timon même de la faucheuse, mais sa position était bien instable et la trépidation de la machine faisait souvent casser les crayons. On emploie aujourd'hui des dynamomètres montés sur roues avec avant-train, et l'on fixe le timon sur l'avant-train. Ces expériences sont très intéressantes et permettent de comparer des machines travaillant sur un même champ, dans les mêmes conditions ; mais le nombre d'éléments qui entrent dans des essais de ce genre est si considérable, que les résultats varient d'un essai à un autre ; les derniers ont montré que les faucheuses à deux chevaux qui exigeaient 175 à 150 kilogramètres en 1873, effort trop élevé pour un seul attelage de deux chevaux, n'accusent plus aujourd'hui que 90 à 70 kilogramètres. Dans ces conditions, deux chevaux en bon état et bien nourris peuvent à la rigueur conduire une faucheuse toute une journée.

J'ai dit en parlant des herses et des rouleaux que les chevaux attelés à ces instruments, marchant au départ de 1^m à 1^m10 par seconde, tendaient à retomber à l'allure de la charrue 0^m70 à 0^m60 par seconde ; lorsqu'il s'agit de faucheuses, si l'on a soin de choisir des animaux qui ont le pas allongé, la vitesse du départ peut être plus facilement maintenue. Le conducteur confortablement assis sur son siège, est tout disposé à faire marcher vite l'attelage, et les chevaux eux-mêmes excités par le bruit de la machine conservent le pas accéléré. On peut donc admettre la vitesse de 1^m à 1^m10 par seconde comme normale. En pratique cependant, il vaut mieux ne pas maintenir un même attelage toute une journée sur une faucheuse ; il est préférable de changer les chevaux toutes les deux heures et d'avoir deux attelages. Le travail s'effectue plus rapidement, et les animaux ne risquent pas, en restant trop longtemps attelés, de contracter des blessures à l'endroit du collier par suite des trépidations de la machine. Ces blessures se produisent toutefois plus rarement dans les faucheuses où la disposition du tirage amortit le choc.

La largeur de coupe varie un peu avec les types de machines; on peut admettre comme largeur moyenne coupée 1^{m}35, ce qui correspond à une surface fauchée d'environ 0$^{hect.}$,50 par heure et 5 hectares en dix heures. Cette surface théorique n'est pas atteinte à cause du temps perdu dans les tournants ou aux arrêts, pour changer les scies et vérifier l'état des pièces travaillantes. Ces pertes de temps peuvent réduire de 25 °/₀ la surface fauchée, de telle sorte qu'il ne faut compter que sur un travail effectif de 3 hect. 75 à 3 hect. 50 par jour. Lorsqu'on emploie deux chevaux un peu lourds habitués à tirer la charrue, ou bien des bœufs, la surface travaillée est beaucoup réduite ; il faut même, lorsqu'on se sert de bœufs, modifier le diamètre des engrenages de commande de la scie, afin de compenser la lenteur de marche des animaux de trait par une augmentation des rapports de vitesse ; si on ne prend pas cette précaution dans les prairies naturelles surtout, l'herbe se coupe mal.

Le prix des faucheuses a bien diminué ; toutefois

pour avoir un bon outil conduit par deux chevaux, avec **deux** lames de scie de rechange, il faut compter dépenser 450 francs, et le prix de revient d'une journée de travail peut s'établir ainsi :

Un conducteur	3 »»
Un ouvrier pour affûter les scies	4 »»
Deux chevaux à 5 fr. l'un	10 »»
Amortissement à 20 % l'an d'un capital de 450 francs pendant 40 jours de travail	2 25
Graissage et entretien	0 75
Total fr.	20 »»

Ce qui met le prix de revient de l'hectare fauché à 5 fr. 50 ou 6 fr.

Chapitre II

Faneuses

Couper rapidement le fourrage, par les moyens mécaniques les plus perfectionnés, est une opération très profitable en agriculture, mais qui ne représente qu'une partie du travail ; il faut encore le sécher promptement, le réunir en petits tas, et ensuite le mettre en meules ou le rentrer à l'abri dans des bâtiments.

Pour sécher le fourrage coupé, on doit exposer toutes ses parties, le plus promptement et le plus souvent qu'on peut, à l'action simultanée du vent et du soleil. Ce travail exige ordinairement beaucoup de main-d'œuvre ; il était donc naturel et logique de chercher à la remplacer par l'action d'une machine, à une époque de l'année ou les bras font généralement défaut. On a donné à cette machine le nom de *Faneuse*. Il faut ensuite réunir le foin séché, éparpillé sur le champ ; on obtient ce résultat avec un instrument appelé *rateau à cheval*.

Faneuses. — Secouer et aérer le fourrage coupé semble un travail facile à exécuter mécaniquement, car c'est une matière légère qui n'adhère pas au sol ; mais il faut faire ces opérations en temps voulu, et dans les conditions les meilleures pour obtenir du bon foin. Cette considération a son importance, car si l'on peut impunément secouer avec violence de l'herbe fraîchement coupée, il n'en est pas de même si l'on opère ainsi sur des luzernes, où la partie nutritive réside dans les feuilles qui se détachent de la tige au moindre choc ; dans ce cas, en agissant avec violence, on jonche le sol de ces feuilles, enlevant ainsi au fourrage sa principale qualité. L'outil ne devra donc pas procéder de la même manière, pour sécher les prairies artificielles, que pour faire le foin des prairies naturelles.

Toutes les faneuses ont leur mécanisme fixé sur un bâti supporté par deux roues, qui donnent le mouvement aux appareils destinés à soulever l'herbe coupée. Ce mouvement de soulèvement peut être *circulaire continu*, ou *alternatif*. De là deux types de faneuses dont je vais successivement décrire le mécanisme.

Faneuses à mouvement circulaire continu. — Le bâti des instruments de cette catégorie porte des engrenages destinés à transmettre, avec une vitesse convenable, le mouvement à des fourches, qui prennent les herbes coupées sur le sol et les projettent en l'air. Pour bien fonctionner, ces fourches doivent pouvoir marcher dans deux sens ; le sens de la marche de l'animal qui traîne l'instrument, c'est *la marche en avant*, le sens opposé, c'est *la marche en arrière*. Les faneuses animées de ces deux mouvements portent le nom de *faneuses à double effet*. Cette disposition du mécanisme permet suivant le côté où les dents des fourches opèrent, de soulever plus ou moins le fourrage selon qu'on fait *marche en avant* ou *marche en arrière*. En effet les dents sont recourbées dans le sens du premier mouvement, arrondies dans le sens du second où elles ne font qu'entraîner le foin par leur rotation sans le retenir. Ces dents doivent en outre pouvoir s'approcher plus ou moins de la surface du terrain, si le foin est plaqué sur le sol, après une pluie par exemple, ou s'en éloigner, s'il n'est que posé légèrement sur le terrain, et présente une assez grande épaisseur. La faneuse doit donc être munie d'un mécanisme qui permette d'abaisser ou d'élever l'axe des fourches porte-dents par rapport à celui des roues, de façon à faire passer les dents plus ou moins près du sol.

Transmission du mouvement aux dents. — Le mode de transmission du mouvement des roues porteuses aux tambours où sont fixés les rateaux porte-dents ou fourches, varie avec les constructeurs. Dans presque toutes les faneuses à mouvement circulaire continu, les fourches ont une plus grande vitesse dans la marche en avant que dans la marche en arrière ; on reconnaît en effet que pour les travaux, ne demandant qu'un léger soulèvement du foin et un mouvement relativement doux, il est important de diminuer la vitesse de l'extrémité des dents. Ce ralentissement, dans la marche en arrière, s'obtient tout naturellement en conservant les mêmes rapports d'engrenages pour les deux marches ; en effet dans ce cas le mouvement de rotation est en sens inverse du mouvement de translation imprimé à l'outil par l'animal qui le traîne ; au contraire, dans la marche en avant, le mouvement étant dans le même sens que celui de l'avancement, la vitesse des fourches est augmentée.

Le mécanisme de la faneuse Howard (fig. 13) est disposé de la manière suivante : un engrenage E, calé sur le moyeu des roues porteuses R, transmet le mouvement de ces roues au moyen du pignon a calé sur l'arbre du tambour des fourches ; cet arbre est porté par un excentrique, dont le levier de manœuvre L peut

Fig. 13

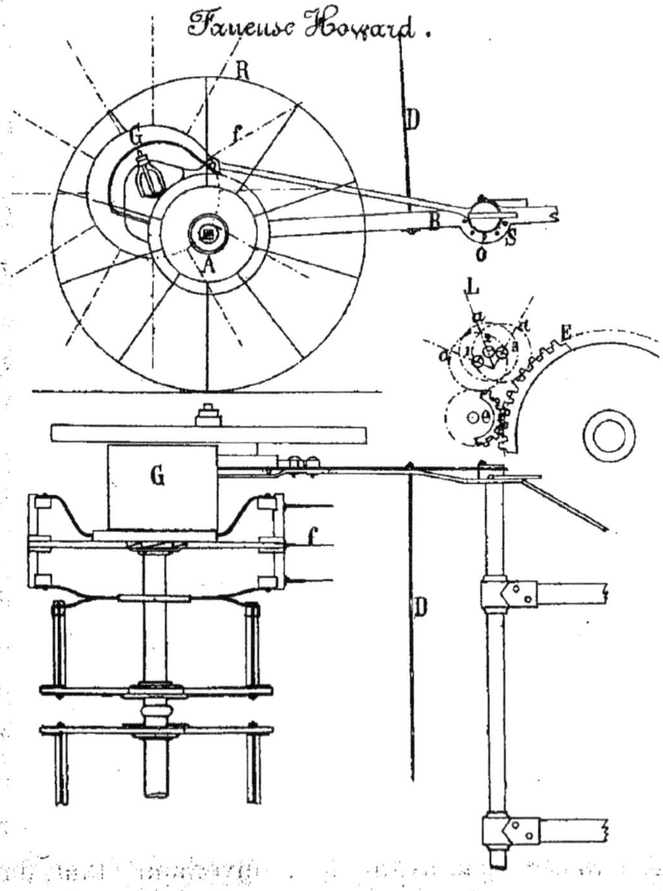

Faneuse Howard.

prendre trois positions fixes, dans lesquelles il est maintenu par un ergot pénétrant dans un secteur à crans. Lorsque le levier L est dans la position (2) le pignon a, destiné à faire tourner l'arbre des fourches, est éloigné de E, et la faneuse est débrayée. Quand le levier est dans la position (3) a engrène directement avec E, et les fourches tournent en *avant* ; enfin quand le levier est dans la position (1) a engrène avec un pignon fou e, commandé par E, qui transmet le mouvement au pignon a, avec lequel il est toujours embrayé, et les fourches tournent en *arrière*. Cette faneuse présente un inconvénient, lorsque les fourrages de prairies naturelles sont épais et longs. Dans ce cas le foin, projeté par les fourches, s'enroule autour des tambours protégeant les engrenages, et l'outil bourre. Pour y remédier on n'a qu'à entourer les tambours d'une tôle G, dont le développement extérieur est plus grand que les plus longues tiges de fourrage ; dans ces conditions l'herbe tombe il est vrai sur G, mais ne peut s'y enrouler et n'y séjourne pas. Enfin le foin projeté violemment par la faneuse dans la marche en avant, vient souvent tomber sur la croupe du cheval qui conduit la machine ; on empêche cette projection en disposant verticalement à la naissance du brancard un grand grillage en fil de fer D.

La faneuse Nicholson (fig. 14), une des machines les plus anciennes et les plus employées pour les prairies naturelles, sert surtout dans la marche en avant. Elle a toutefois aussi une marche en arrière, mais calculée pour donner aux fourches la même vitesse, ce qui présente un inconvénient dans les prairies artificielles. La disposition du mécanisme est simple et solide. Les moyeux des roues de l'outil R portent une enveloppe K en fonte, contenant deux engrenages, l'un à denture intérieure A, l'autre à denture extérieure B, un même pignon *e*, calé sur l'arbre *m n* des fourches *g f*, peut en se déplaçant à l'aide d'un levier L être mis en contact tantôt avec A, c'est la marche en *arrière* traits pointillés, tantôt avec B en *é*, c'est la marche en *avant;* enfin *e* peut être placé dans une position, où il n'engrène ni avec A ni avec B.

La transmission de mouvement de la faneuse Emile Puzénat ne diffère pas beaucoup de celle de Nicholson ; mais elle est meilleure, parce qu'elle n'emploie que des engrenages extérieurs, plus faciles à conduire et moins susceptibles d'usure que les engrenages intérieurs. Avec ce mécanisme (fig. 15) on obtient aussi facilement les marches en avant et en arrière. L'arbre de la roue R de la faneuse porte un engrenage B qui engrène avec D ; une autre roue dentée C, venue de fonte avec D et d'un diamètre un peu plus grand, donne le mouvement qu'il reçoit de B à la roue E' calée sur l'arbre des râteaux : le mouvement est donc transmis à l'arbre des râteaux par trois engrenages extérieurs et le sens de rotation de ce dernier arbre est celui des roues de l'appareil, c'est la *marche en avant.* Si à l'aide de l'embrayage M, on fait glisser légèrement l'arbre *z* dans le manchon creux des râteaux Y, E n'engrène avec aucune roue, et les râteaux ne marchent pas ; enfin si on continue à agir sur M, E

Fig. 14 Fig. 15

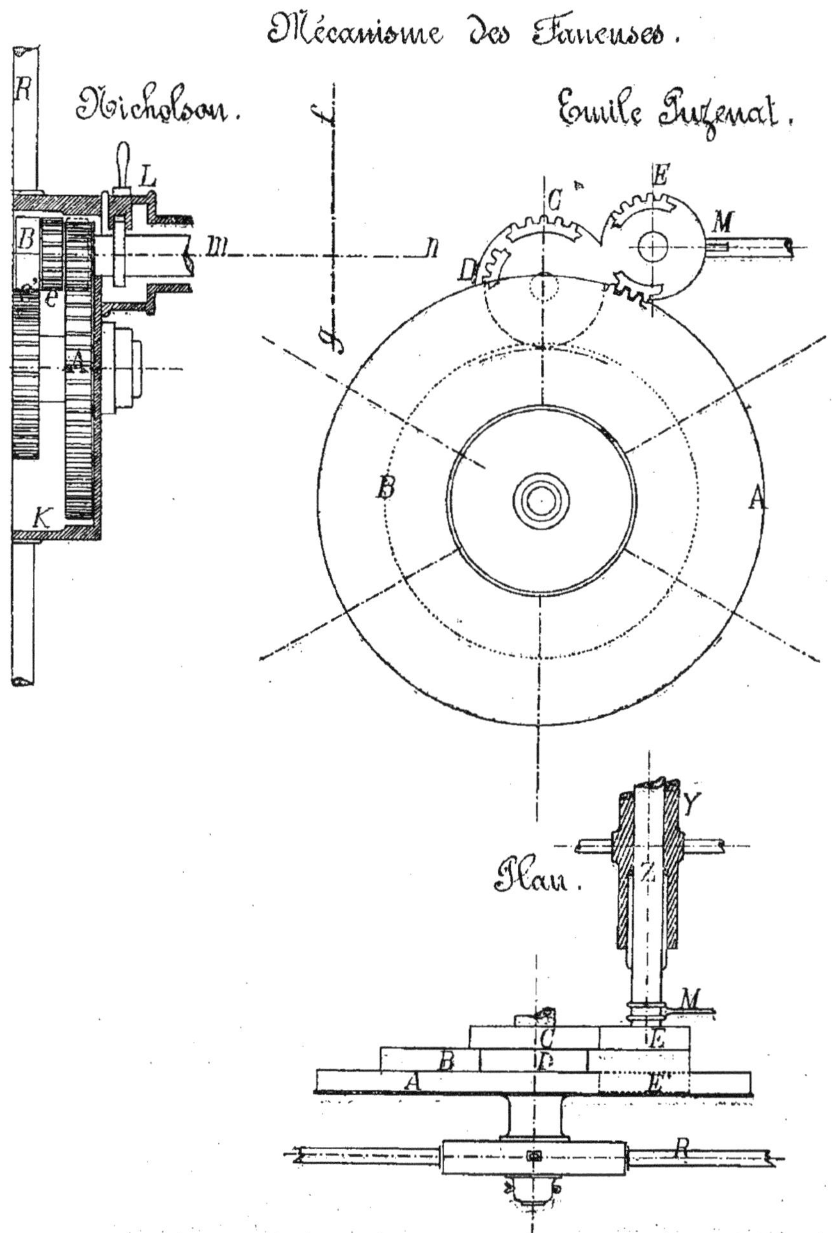

vient en contact avec la grande roue dentée A, (tracé pointillé E') et les râteaux tournent en sens inverse des roues, c'est la marche *en arrière*.

Le mouvement de la faneuse Albaret (fig. 16) est un peu différent. L'engrenage A calé sur l'arbre des grandes roues R, peut transmettre directement le mouvement aux râteaux par le pignon *e* calé sur ces râteaux, c'est la *marche en arrière*, ou bien actionner un autre pignon a, placé sur un arbre intermédiaire *m n* qui porte un autre pignon c engrenant avec a, placé sur l'arbre des râteaux à côté de *c*, c'est la *marche en avant*. Un levier *l* produit le déplacement de l'arbre des râteaux, qui peut se trouver dans une position telle qu'il n'engrène ni avec *e* ni avec a, et n'entraîne pas les râteaux dans son mouvement.

Beaucoup de constructeurs français et étrangers établissent des faneuses, dans lesquelles le mouvement des fourches est donné par une série d'engrenages à peu près semblables à ceux que je viens de décrire. MM. Ransome et Sims pour les pays où le fourrage artificiel domine, vendent beaucoup de faneuses du type " Star ", qui ont deux mouvements dans la *marche en arrière*, l'un assez rapide qui agit presque comme dans la *marche en avant*, l'autre plus lent qui ne fait que soulever le foin. La faneuse Bamlett n'a même qu'une *marche en arrière*, ce qui simplifie beaucoup le mécanisme. La faneuse *Star* se distingue des autres, par la position de ses engrenages de transmission, qui sont placés au centre de la machine et enfermés dans une boite.

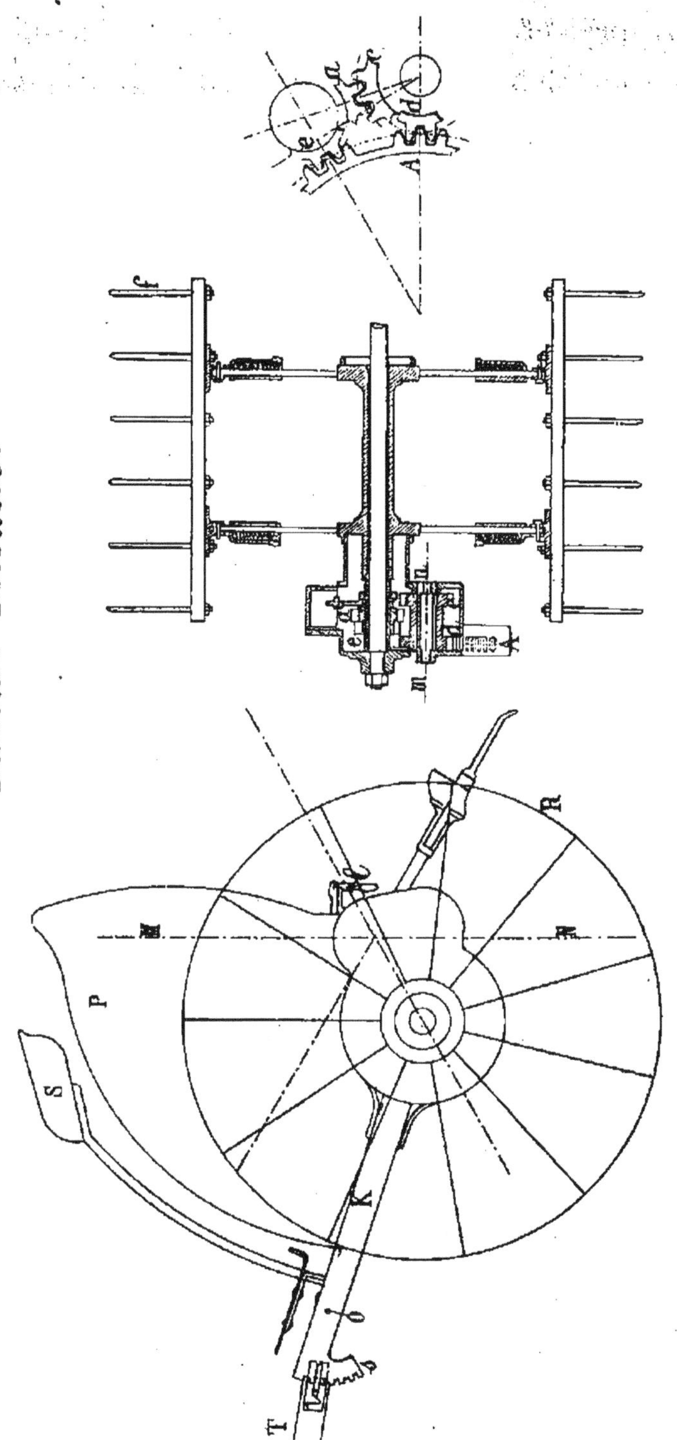

Fig. 16

Faneuse Albaret.

La projection violente du foin par la marche en avant l'envoie sur le cheval qui conduit la machine, et même dans les roues. Pour éviter cet inconvénient, certains constructeurs entourent toute la partie travaillante de la faneuse avec une espèce de boîte en tôle P (fig. 16), qui produit un effet plus complet que la grille d'avant de la machine Howard.

Bras et fourches. — Quel que soit le mode de transmission du mouvement des roues porteuses aux fourches, il est indispensable pour la bonne marche que les bras porte-fourches soient montés sur des tambours indépendants, afin que dans les tournants ils ne soient actionnés que par la roue du côté de laquelle ils se trouvent. C'est à l'extrémité des bras (fig. 17) que

Fig. 17

Fourches de Faneuses

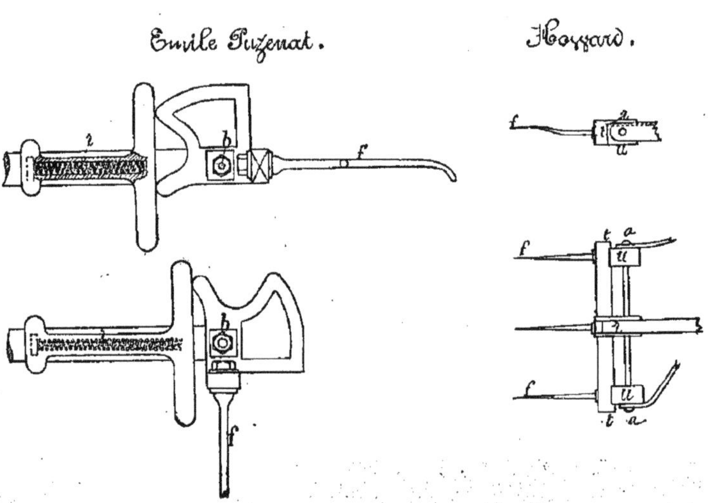

se trouvent les fourches *f* en fer ou en acier, disposées sur une barre *t*. Cette barre *t* doit pouvoir s'incliner, pour empêcher les fourches d'être brisées lorsqu'elles rencontrent un obstacle sur le sol, pierres, bornes, pièces de bois, etc. ; sans cela il se produirait contre cet obstacle un choc violent, les fourches étant animées d'un mouvement circulaire très rapide (6 à 7 mètres pour la marche en avant, 3 à 4 mètres pour la marche en arrière), et ce choc amènerait inévitablement ou le bris des fourches, ou une rupture plus grave dans les pièces de l'instrument. Cette inclinaison de la barre s'obtient par des mécanismes qui diffèrent avec les constructeurs. La faneuse Howard (fig. 17) est munie d'une barre porte-fourches *t*, qui est appuyée sur des pièces *u* par un ressort *r*; lorsqu'un obstacle se présente *t* et *f* tournent autour du boulon a qui fixe *t* sur *u* en repoussant *r*, et les fourches se reculent ; c'est aussi en agissant avec la main sur l'extrémité des fourches qu'on les fait replier pour le transport.

Les faneuses E. Puzenat et Albaret, portent un autre mécanisme pour le mouvement de recul ; ce mouvement se produit par l'extension d'un ressort à boudin *r*, comprimé en travail, les fourches *f* pouvant pivoter autour du boulon *b*. Non seulement il est nécessaire que les fourches se relèvent lorsqu'elles rencontrent un obstacle, mais il faut encore pouvoir, suivant l'état du fourrage coupé, modifier par rapport au sol, la circonférence que décrit l'extrémité des pointes de ces fourches. On doit rapprocher les pointes lorsque le foin est plaqué sur le terrain, après une pluie, par exemple, et les éloigner lorsque ce foin est soulevé ou présente une épaisseur considérable dans une récolte forte.

Le mouvement de relèvement de l'axe des fourches s'obtient dans la faneuse Howard, (fig. 13) à l'aide d'un secteur S, placé en avant de la machine à la naissance du brancard. Les barres latérales du bâti A B peuvent en effet, ou être dans le prolongement du brancard, ou faire un certain angle avec lui, en fixant un petit goujon dans l'un des trous *o* du secteur S.

Le bâti K de la faneuse Albaret (fig. 16) peut tourner autour du boulon *o* qui relie le timon T au bâti, et quand K se trouve dans la position convenable par rapport à T, on fixe un petit verrou dans le secteur *s*, pour maintenir entre ces deux pièces un angle convenable à la position des fourches.

Beaucoup de faneuses portent aujourd'hui des sièges; il est indispensable de les placer de telle sorte que le conducteur, s'il venait à tomber, ne puisse être projeté sur les fourches en marche qui le déchireraient. Pour éviter cet inconvénient, M. Ransome, dans sa faneuse Ipswich, place le siège en dehors des roues et le fixe sur l'essieu. M. Albaret (fig. 16) appuie son siège S sur une barre placée en avant du bâti; mais en cas de chute l'ouvrier tombe sur la tôle préservatrice P, assez forte pour supporter son poids.

Les roues des faneuses se font maintenant en fer avec des jantes lisses; elles sont d'assez grand diamètre 1^m à 1^m30, pour élever le mécanisme au-dessus du sol, et permettre de donner un plus long bras de levier d'action aux fourches.

Faneuses à mouvement alternatif. — Les faneuses à mouvement circulaire continu, qui remuent et secouent fortement le foin, ont l'inconvénient de détacher des tiges les feuilles des prairies artificielles, ce qui constitue une perte sensible en matières nutritives. Pour éviter ces inconvénients les constructeurs ont cherché à établir des faneuses, dont les mouvements moins brusques ressemblent à ceux imprimés par les mains des ouvriers. La maison Samuelson construit une faneuse à mouvement alternatif bien plus solide que les premières machines de ce genre venues d'Amérique ; elle est, comme celles à mouvement circulaire continu, montée sur deux roues R (fig. 18) qui portent un grand engrenage E actionnant par un intermédiaire E', un pignon *e* calé sur des arbres coudés ; ces arbres entraînent des tiges porte-fourches *t* au moyen d'un petit arbre *o d*. Ces pièces *t* sont maintenues par l'extrémité supérieure sur une autre pièce *a b* oscillant, en *a*, autour d'un boulon placé sur un support fixe, en *b*, autour d'un boulon traversant *t*. Les arbres coudés impriment aux fourches un mouvement alternatif d'abaissement et de relèvement ; des ressorts les maintiennent dans le prolongement de *t* ; si un obstacle se présente, *f* tournant autour du point *i* se recule et les fourches sont ramenées, après le choc, dans la position de travail par le ressort *r*. Ces faneuses portent généralement quatre systèmes de fourches *f*, placés sur des arbres coudés calés à 90° les uns par rapport aux autres. Les deux roues R portent chacune leurs engrenages de commande, et agissent indépendamment l'une de l'autre. M. Nicholson a encore perfectionné ce genre de faneuse en donnant aux fourches, non seulement un mouvement de soulèvement et d'abaissement, mais encore un mouvement latéral tout à fait semblable à celui des bras des ouvriers qui exécutent le fanage. Ces machines comme largeur peuvent embrasser deux andains d'une faucheuse ordinaire.

Prix de revient du fanage mécanique. — Généralement une faneuse ne peut pas fonctionner toute une journée ; presque toujours le matin, la rosée maintient le foin humide pendant deux heures environ, et on ne peut commencer à le remuer que vers 7 ou 8 heures, ce qui réduit en moyenne à huit heures le travail effectif ; mais on peut faire fonctionner la faneuse pendant le repos de midi et rattrapper le temps perdu.

Les faneuses prennent environ 1m60 de large et elles peuvent marcher à une vitesse de 1m10 par seconde, soit faire 63 ares par heure, en déduisant 5 0/0 de perte de temps aux tournants, 60 ares environ, et, s'il faut faire passer la faneuse deux fois en long et en travers, 30 ares par heure, soit 3 hectares par journée de 10 heures. Une faneuse suffit amplement à remuer le fourrage coupé dans une journée par une faucheuse.

Un cheval conduit facilement une faucheuse, cepen-

Fig. 18

Faneuse Samuelson.

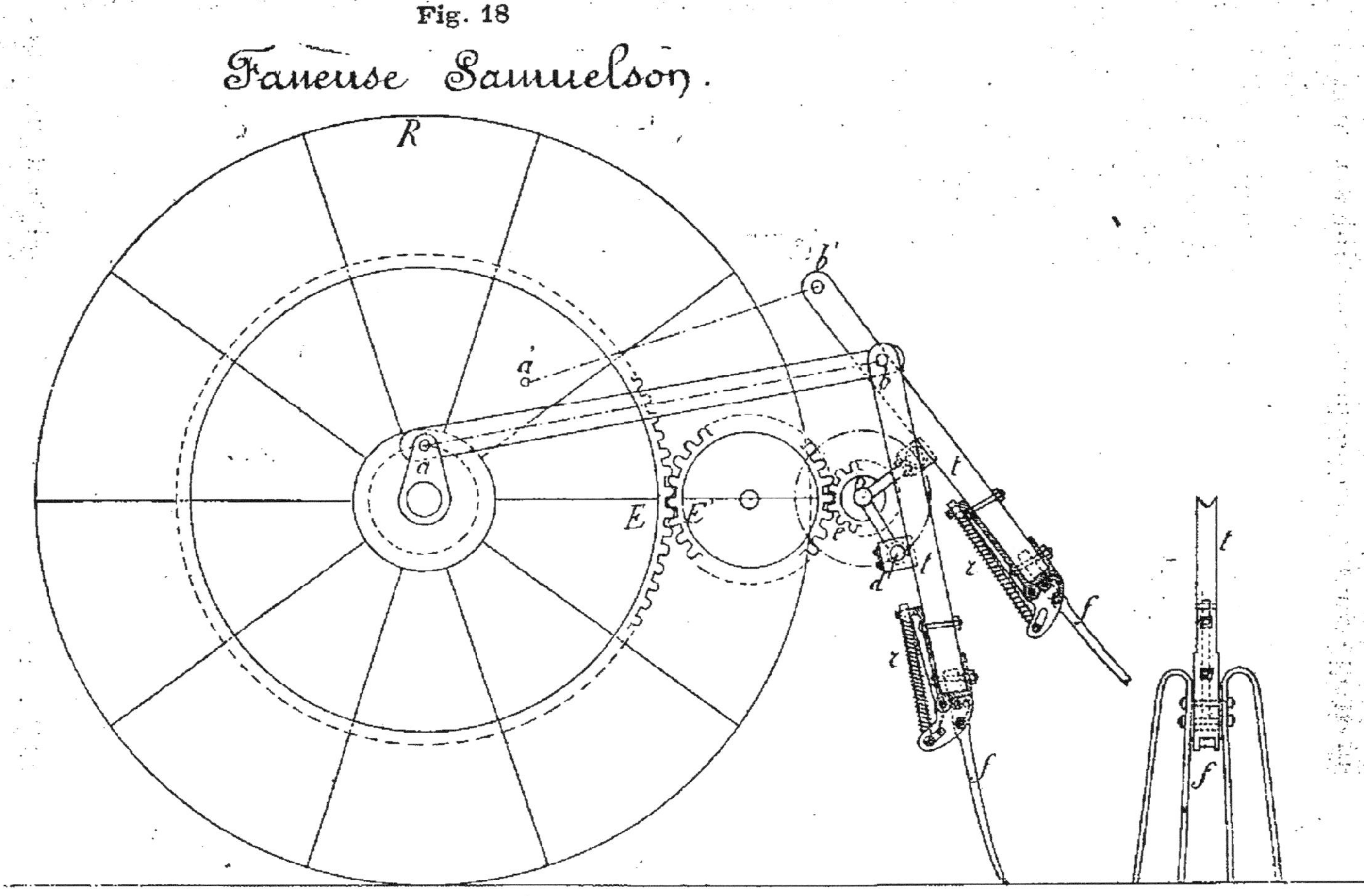

dant, lorsque les fourrages sont très épais, l'animal fatigue un peu pour abattre les andains de la faucheuse, que l'on doit au début aborder perpendiculairement au sens de la coupe; mais la seconde façon, pour aérer et retourner le foin déjà éparpillé, demande très peu d'efforts.

Le prix de revient d'une journée de travail de fanage mécanique s'établit ainsi :

Un conducteur.	3 fr.
Un cheval à 5 fr.	5 »
Amortissement à 15 0/0 l'an d'un capital de 400 fr. pendant 40 jours de travail.	1 60
Graissage et entretien.	0 40
Total pour une journée de travail. . , .	10 fr.

Soit par hectare 3 fr. 30 c. environ.

Récolte des fourrages dans les années humides. — L'emploi des faneuses mécaniques, qui se généralise pour la récolte des fourrages, peut quelquefois ne pas répondre aux besoins d'une situation exceptionnelle. Lorsqu'en effet le temps est constamment à la pluie pendant la saison des foins, il arrive souvent que plus on les remue, plus ils jaunissent et tendent à pourrir; aussi est-il utile que dans ces années le cultivateur ait connaissance de procédés particuliers, lui permettant de faire sa récolte, malgré le mauvais temps.

Pour les prairies artificielles, un excellent moyen

consiste à faire derrière la faucheuse des petits *meulons* ou *moyettes* ; les moyettes (fig. 19) ont ordinairement $0^{m}30$ à $0^{m}35$ de diamètre à la partie supérieure. Pour les établir rapidement, les ouvriers prennent une brassée de fourrage, luzerne par exemple, qu'ils placent tiges en l'air autour de leur genou, puis avec un lien pris dans la brassée, ils la lient très près de la tête en L ; ils placent ensuite la moyette debout dans la position qu'occupaient les tiges avant d'être coupées, en écartant le pied pour grossir le meulon et le rendre plus léger et accessible à l'air. Pour réussir il est indispensable de procéder à cette opération sur des fourrages bien fleuris et immédiatement après le fauchage ; non seulement ces moyettes sèchent vite, mais le produit obtenu conserve presque toutes ses feuilles. Si par des pluies persistantes, elles sont un peu décolorées à l'extérieur, elles n'en conservent pas moins leur couleur naturelle à l'intérieur ; bien faites, elles résistent à d'assez grands vents ; toutefois il faut inspecter la prairie tous les jours et relever les moyettes que le vent aurait renversées. On peut entre deux averses, au lieu de les botteler, les charger à la fourche, et les rentrer en vrac aux greniers.

Lorsqu'il s'agit de prairies naturelles, dont les tiges sont très longues et molles, il n'est pas possible de procéder de la même manière, et il faut s'inspirer des moyens employés dans les pays de montagnes surtout, où les changements de temps sont fréquents. Le *perroquet* (fig. 19), adopté dans le Tyrol et certaines parties de la Suisse se compose d'un pieu T d'assez forte section, dans lequel on dispose des traverses A B C au nombre de trois ou quatre, disposées deux à deux sur T perpendiculairement l'une à l'autre ; l'extrémité inférieure de T est appointie, on l'enfonce dans le sol avec une masse, et on jette le foin sur la tête, de manière à former une petite meule dont le pied ne touche pas terre ; l'eau qui tombe s'égoutte, et le foin n'étant pas en contact avec le sol ne pourrit pas, et sèche vite sous l'action du moindre vent.

Les *Cavaliers* (fig. 19) se composent de trois poteaux de $3^{m}50$ à 4^{m} de hauteur A B C, sur lesquels on dispose trois ou quatre étages de perchettes horizontales *a c e* etc., attachées entre elles par des petits liens en bois en *e g f* ; ces poteaux A B C, sont appointis à leurs extrémités inférieures, afin qu'ils tiennent mieux dans le sol. Quelquefois on couvre le tout par un petit toit en bardeaux ; 24 heures après le fauchage l'herbe est placée sur les traverses horizontales. Ce procédé est un peu coûteux, mais c'est celui où le fourrage est le plus exposé à l'action simultanée de l'air et du soleil, et par conséquent sèche le plus vite.

Le *Chevalet* a été préconisé par M. Villeroy ; il suffit pour établir ce séchoir, d'avoir à sa disposition des perches longues et minces comme celles employées dans les houblonnières, mais plus légères. Deux perches AA' (fig. 19) de $1^{m}60$ à $1^{m}80$ de longueur sont assemblées en *a* par une cheville ronde qui permet de les écarter plus ou moins du pied ; plus bas sur AA' on dispose en *cc' ee'* des chevilles obliquées en relevant ; sur ces chevilles et sur les fourches formées par la partie supérieure *a* des pièces AA', on dispose d'autres perches plus longues (3^{m} environ) *a b*, *c d*, *e f* ; on ajoute souvent un petit contrefort *t* du côté opposé au vent pour soutenir les chevalets. On place ces chevalets en lignes peu distantes les unes des autres. Plus le fourrage est long mieux il se charge ; ce système est simple et pratique.

Fig. 19

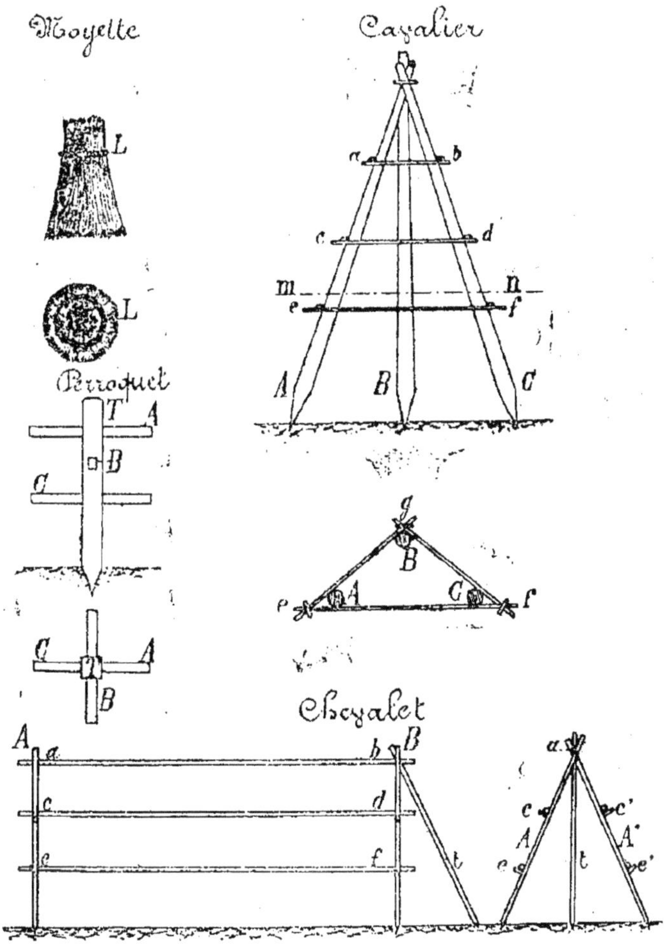

Chapitre III

Râteaux à Cheval.

Le *Râteau à cheval* est le complément indispensable du travail de séchage mécanique des fourrages. Il sert à réunir les herbes éparpillées par la faneuse et à ramasser celles qui jonchent encore le sol, lorsqu'on a chargé la récolte sur les voitures. Le râteau à cheval le plus simple est le râteau américain, qu'un charron de village peut construire ; il est formé d'une forte barre en bois traversée par une série de pièces droites, également en bois, appointies aux deux bouts. Lorsque ces pièces formant dents de fourche sont pleines de foin, le charretier, qui appuyait par un cadre spécial sur la partie antérieure des dents, soulève ce cadre, et alors, par l'action du cheval qui tire l'instrument, les dents en s'appuyant sur le sol pivotent autour d'un axe traversant la barre, et réunissent le foin en andains. Cet appareil très simple n'est plus guère employé aujourd'hui, car l'industrie peut livrer à des prix relativement peu élevés des râteaux à cheval solides et d'un fonctionnement plus parfait. Ces râteaux sont presque entièrement métalliques et se composent de deux parties distinctes, celle destinée à ramasser le fourrage, formée de *dents* indépendantes, et le bâti proprement dit qui supporte les dents et porte le système d'attelage.

Dents. — Les dents D (fig. 20), d'une courbure particulière, assez rapprochées les unes des autres, sont mobiles autour d'un axe placé en avant du bâti ; leur forme doit être telle que, leur extrémité inférieure s'appuyant tangentiellement au sol, elles retiennent le fourrage et le fassent monter à la partie supérieure en suivant leur courbure. L'ensemble de ces dents forme une cavité, où s'accumule le fourrage entraîné par l'outil en marche, jusqu'à ce que cette cavité soit remplie. C'est alors qu'un mécanisme spécial, disposé sur le bâti, relève tout le système pour faire tomber le foin. On voit donc que les dents doivent, non seulement pouvoir ramasser le fourrage, mais encore en être complètement débarrassées, lorsqu'on les relève pour pouvoir disposer ce fourrage en tas de distance en distance.

Les dents métalliques peuvent seules répondre à ces conditions ; on les fait en fer de bonne qualité et plus généralement aujourd'hui en acier. Les dents D du râteau Howard (fig. 20), affectant la forme d'un rail à double champignon, sont très rigides et conservent bien leur forme. Quelques constructeurs, M. Samuelson entre autres, pour éviter les déformations assez faciles dans des dents isolées, les accouplent deux à deux ; en outre M. Emile Puzenat (fig. 20) dispose au-dessous des dents une barre munie de ressorts r qui, tout en permettant un certain relèvement suivant les ondulations ou les accidents du terrain, empêche les soubresauts violents. Malgré toutes ces précautions les dents se faussent assez vite, ce qui peut avoir de graves inconvénients ; en effet lorsqu'elles sont redressées elles piquent dans le sol, et arrachent de la terre qui se mêle au fourrage et le gâte ;

aussi est-il prudent, lorsqu'on achète un râteau à cheval, de demander une dent en plus, qui sert de gabarit et permet de réparer celles qui sont déformées. Cela est surtout utile pour les dents très légères du râteau Wood, qui ne sont que de simples fils métalliques.

L'attache des dents au bâti doit être très solide mais très flexible, pour permettre leur relèvement au moindre obstacle et les empêcher de râcler le sol. Les dents du râteau Samuelson (fig. 20) sont insérées dans un petit cadre en fonte *f f* fixé, d'une part sur une tringle B, de l'autre sur les dents elles-mêmes par le boulon *b*. Malgré les soins apportés par les constructeurs dans ces dispositions d'attache, un jeu se produit rapidement, et les dents ne travaillent plus suivant un plan perpendiculaire au sol; elles viennent se toucher les unes les autres et le ramassage se fait mal.

Fig. 20

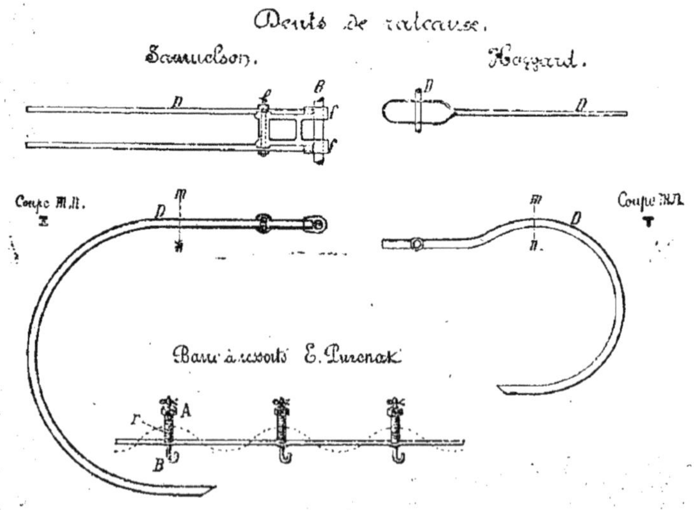

Lorsqu'on relève les dents pour les dégager de fourrage, il se peut que malgré leur disposition ce fourrage forme une masse qui ne tombe pas ; pour éviter cet inconvénient on dispose sur le bâti (fig. 21) des pièces horizontales *f f*, qui forcent le foin à ne pas suivre les dents dans leur mouvement de relevage.

Bâti. — Le bâti est porté sur deux roues en fer et fonte ou tout en fer R (fig. 21), et tout l'appareil, qui n'exige qu'une faible traction, est traîné par un cheval attelé à un brancard T. Au point de vue de la disposition des bâtis, les râteaux à cheval peuvent se diviser en deux catégories : 1° *Les râteaux à cheval à relevage direct* : 2° *les râteaux à cheval à relevage automatique.*

1° *Râteaux à cheval à relevage direct.* — Ces râteaux moins employés aujourd'hui sont simples et faciles à entretenir, mais ils exigent de la part des conducteurs un peu d'attention et à certains moments un effort brusque.

Un des systèmes les plus simples, est celui du râteau Howard. Cet instrument (fig. 21), supporté par deux roues R est muni, sur la barre E du brancard T, d'une pièce en fonte *o* A, sur laquelle s'articule en A une tige A *a*, qu'un boulon relie en a à une pièce coudée M *a b*, articulée elle-même en *b* avec une barre plate *e*, qui appuie en *e* sur l'extrémité antérieure des dents *d*. Lorsqu'avec la main on appuie sur M et qu'on fait venir le point M en M', la barre *b e* appuie en *e* sur les dents, les fait basculer autour de leur point d'attache *i* et relever pour laisser tomber le foin. Une pièce *o t*, munie d'un arc denté engrénant avec un pignon, permet de modifier la position du bâti B par rapport au brancard T, et par conséquent de faire varier celle de la pointe des dents qui peuvent momentanément piquer, si le foin est trop plaqué sur le sol. Ces instruments sont légers, solides, faciles à conduire et à manœuvrer, quand les foins ne sont pas trop épais ; ils opèrent sur des largeurs de 2^{m} avec 20 dents ; la maison Howard en faisait autrefois de 2^{m}50 portant 28 dents, mais alors dans ces appareils la

Fig. 21

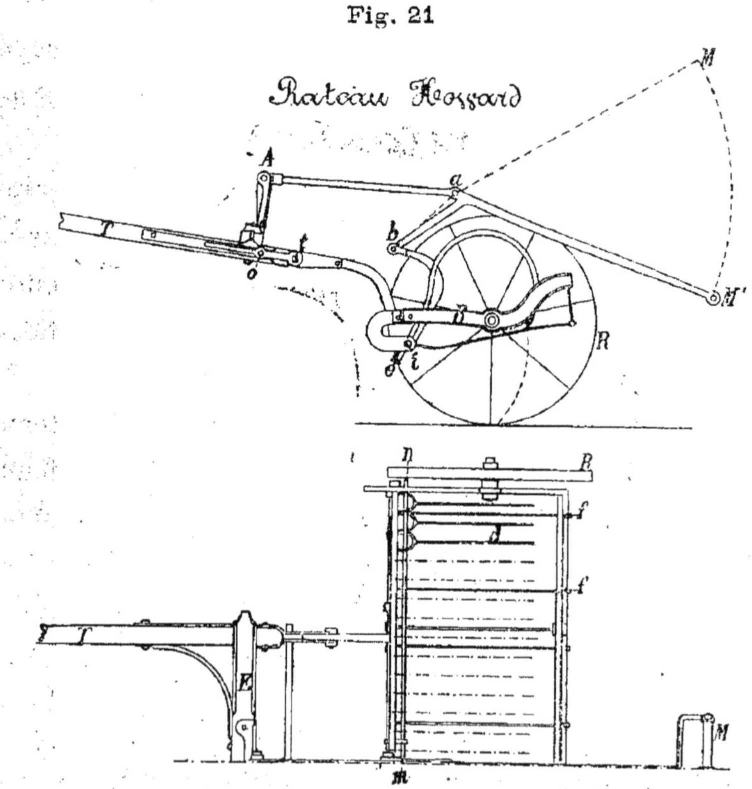

manœuvre devient pénible pour le conducteur, et on préfère, pour d'aussi grandes largeurs, employer les râteaux de la 2me catégorie.

2° *Râteaux à cheval à relevage automatique.* — On appelle râteau à cheval à relevage automatique, les instruments dans lesquels le mouvement de relevage s'effectue sans effort, par l'intermédiaire des roues porteuses, au moyen d'un mécanisme que le conducteur fait fonctionner à sa volonté.

Râteau à cheval Le Lion. — L'outil, qui exécute de la manière la plus parfaite le mouvement de relevage, est le râteau à cheval *Le Lion*, d'origine anglaise, mais établi aujourd'hui par plusieurs constructeurs français, et en particulier par MM. Puzenat, de Bourbon Lancy, et Garnier, de Redon. L'appareil (fig. 22, 23 et 24) est toujours porté par deux grandes roues R ; sur ces roues se trouve calé un engrenage à rochet *i* qui peut au moyen du cliquet X être rendu solidaire d'un arbre a, lequel agit sur l'extrémité supérieure *d* des dents D pour les faire basculer. Le mouvement de relevage des dents s'obtient à la main ou au pied au moyen des leviers L et L' ou de la pédale P, par l'intermédiaire des secteurs dentés E du pignon *e* et de l'arbre *a*. Le mouvement de relevage ne se produit qu'autant que l'on met le chien X en contact avec la roue *i* ; il ne se produit pas au contraire, si à l'aide de la pièce K on empêche X de retomber sur *i*, et on le force à s'appuyer sur une plate-forme *p* plus éloignée du moyeu de R qu'aucun point de la circonférence de la roue à rochet *i*.

Voici comment se produisent les mouvements de relevage et d'abaissement des dents du râteau. Je suppose que ces dents portent à terre et travaillent, si le conducteur attire à lui L dans le sens de la flèche (fig. 23), ou appuie avec son pied sur P, le chien X tombe sur la roue à rochet i et le mécanisme du râteau est solidaire du mouvement d'avancement donné à l'instrument par l'animal qui le tire. Le levier L fait tourner le secteur denté E dans le sens de la flèche, et le demi-pignon e calé sur l'arbre o dans le sens contraire; par conséquent

Fig. 22

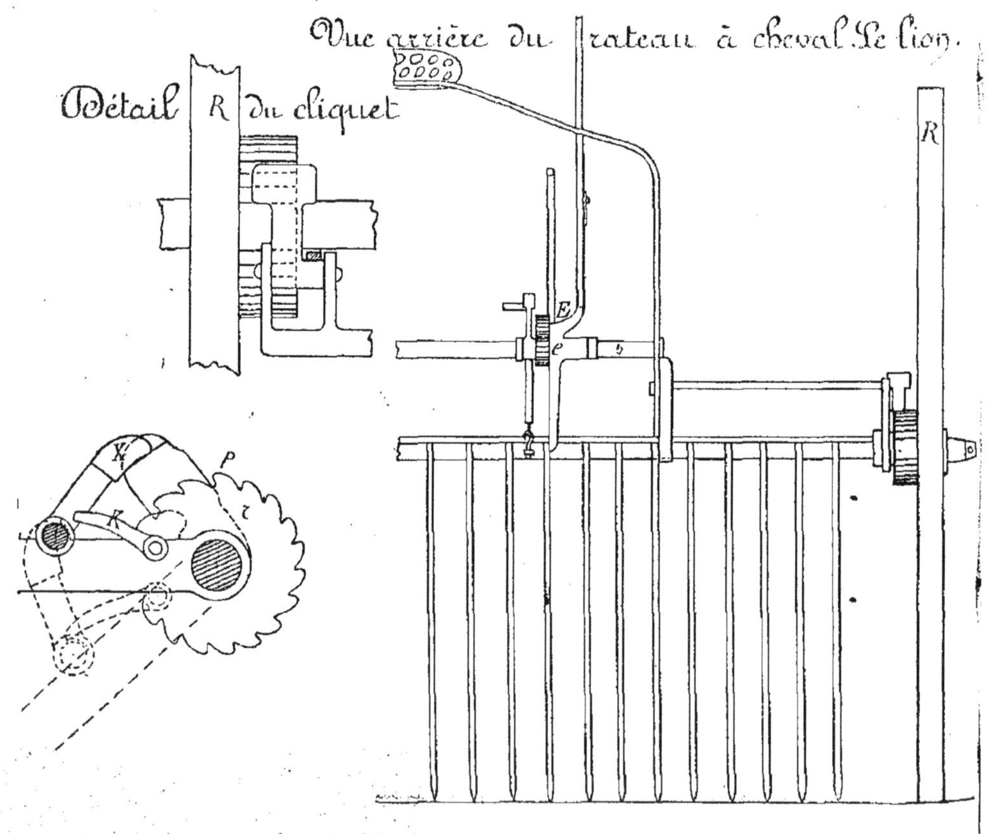

Fig. 23

Rateau à cheval. Le lion.
Mouvement de relevage des dents.
L'
S
R
L
D

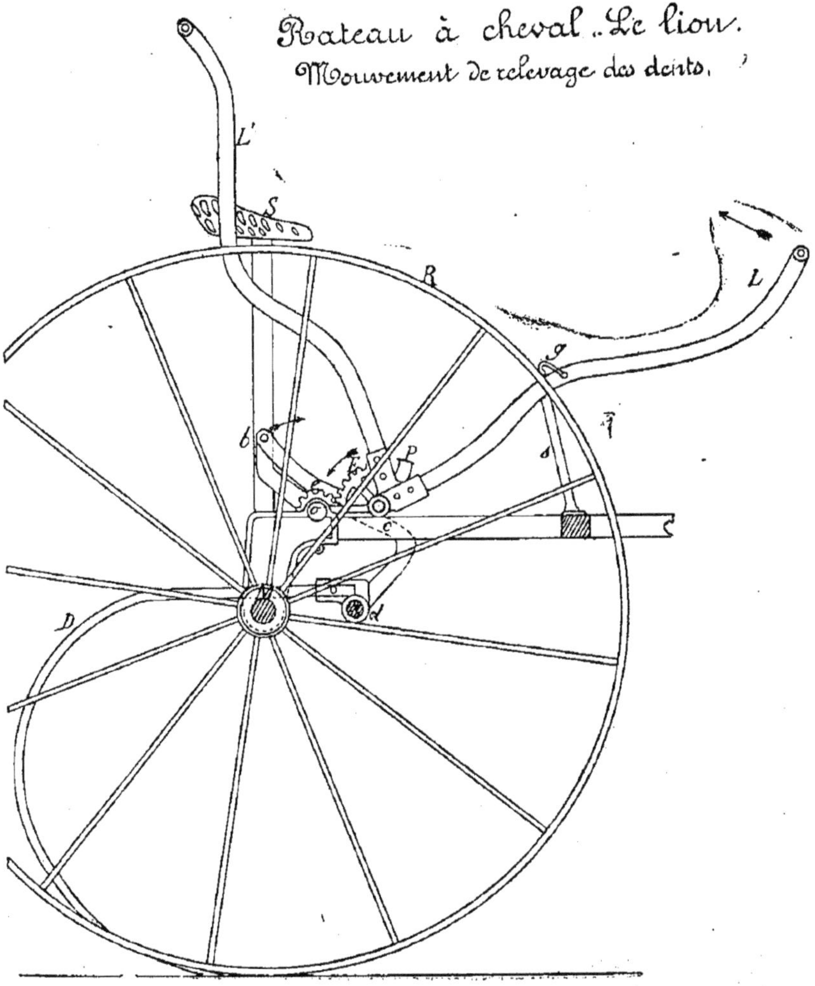

la pièce *b* s'abaisse et pousse le ressort *r* en mettant la pièce *c* presque verticale; les dents D sont presque soulevées en s'appuyant sur l'arbre M et prennent la position la plus élevée indiquée dans la figure 24. Si l'on cesse d'agir sur les leviers L et L' ou la pédale P, le râteau reste dans cette position relevée, parce que le chien X est sur la plate-forme P (fig. 22), et n'engrène pas avec la roue *i*, ce chien étant maintenu sur *p* par la petite pièce K. Il faut agir à nouveau de la manière suivante, sur les leviers ou sur la pédale pour produire le mouvement d'abaissement des dents D. On fait manœuvrer L dans le sens de la flèche et on relève L' qui lui est solidaire (fig. 24); par ce mouvement le secteur denté E actionne *e*, qui fait tourner l'arbre *o* et relève la branche *b*, articulée sur une pièce fixée sur *o*, et par conséquent *c* qui relève l'arbre *a* agissant sur l'extrémité supérieure des dents D, et leur fait reprendre leur position de travail; le ressort *r* qui était comprimé facilite la descente des dents en se détendant. Il faut avoir soin de vérifier souvent la tension du ressort *r*; dans beaucoup de râteaux de ce type, un écrou permet, en serrant une pièce taraudée, de tendre ou de détendre ce ressort.

Le siège S est placé sur deux montants recourbés qui viennent se fixer sur l'essieu. Un support incliné *s*, sert d'appui au levier L pendant ce travail. Le réglage de l'inclinaison des dents peut se faire par des mécanismes analogues à ceux des râteaux à relevage directs; on peut en outre élever ou abaisser le brancard suivant la

Fig. 24

Rateau à cheval. Le lion.
Mouvement d'abaissement des dents.
L
S
R
D
L'
C
P
M
a
d

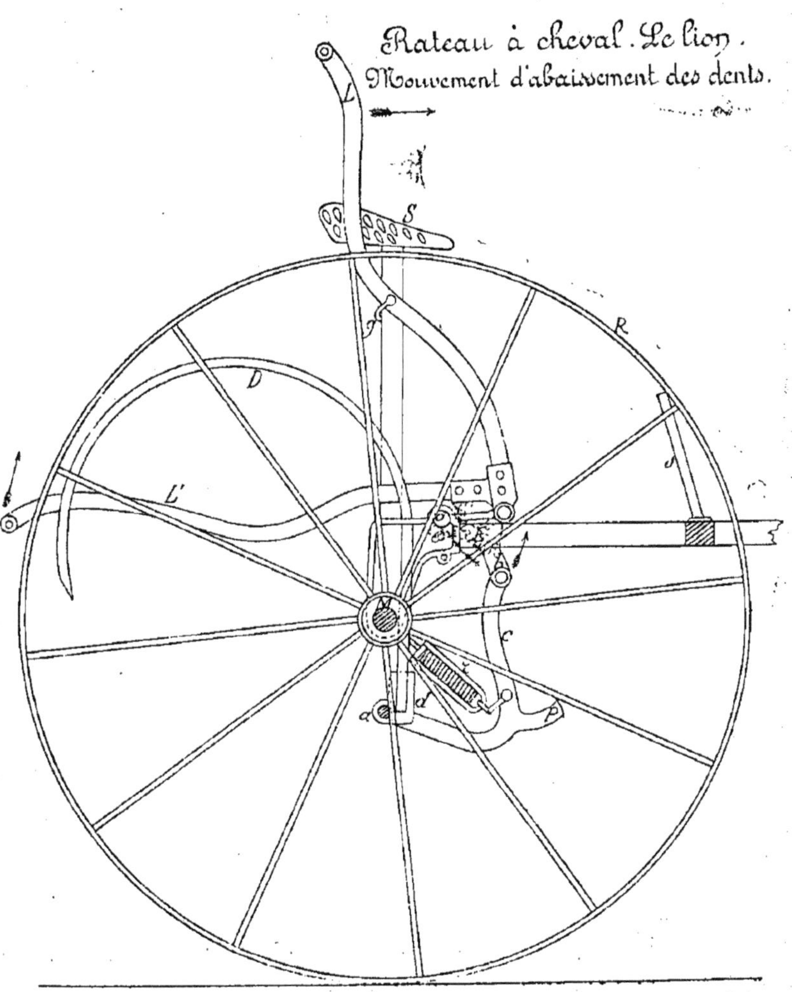

taille des chevaux. Lorqu'on transporte l'appareil aux champs et que l'on veut empêcher qu'un soubresaut de route fasse abaisser les dents, on fixe le levier L sur le support du siège *S* à l'aide du crochet (fig. 24). Les roues R, tout en fer, de 1^{m}40 à 1^{m}50 de hauteur sont très légères, et malgré le poids du mécanisme, un peu plus compliqué que dans les autres, ces râteaux exigent très-peu de traction, et un cheval les conduit sans effort.

Cet outil présente la solution la plus sûre et la plus parfaite du relevage automatique. Il permet d'agir à la main, au pied, et par le mouvement des roues. quand on veut et sans fatigue ; c'est une des dispositions les plus ingénieuses de la mécanique agricole.

La largeur de ces râteaux varie de 2^{m} à 2^{m} 90 et leur prix de 200 à 300 francs.

Râteau Howard Samuelson. — La complication du mécanisme du râteau *Le Lion* effraie quelques agriculteurs, qui lui préfèrent des systèmes plus simples tels que ceux des râteaux Howard et Samuelson. Dans ces râteaux, portant aussi tous deux un mécanisme automoteur, le mouvement de relevage des dents est obtenu par le serrage d'une bande de fer plat, sur deux tambours étroits fixés sur l'axe des roues porteuses. Le bâti de ces râteaux, monté à peu près comme les précédents est muni, au-dessous du siège à portée du pied du conducteur, d'une pédale, représentée en pointillé dans la fig. 26, solidaire d'une tige T, au milieu de laquelle se trouve articulée la pièce a *b*, retenue sur T par un boulon *a*; cette pièce *a b* est aussi articulée en *b* sur un support en fonte *b d* calé sur l'arbre *d*, où sont fixées toutes les têtes des dents D. Le levier T est relié d'autre part en *e*, à une pièce moisée longitudinale qui porte les essieux coupés des roues porteuses.

Quand on appuie sur la pédale P, la pièce *a b* s'abaisse et relève la pièce E K, sur laquelle est fixée la lame métallique du frein F qui entoure le manchon M, placé sur le moyeu de la roue, et par conséquent, élevant le point K, fait serrer F sur M, et entraîne le système qui, en tournant avec la roue soulève les dents jusqu'à ce que le foin qu'elles contiennent soit tombé. Lorsque l'ouvrier reconnaît que son râteau est débarrassé, il lâche la pédale et les dents retombent sur le sol.

Fig. 26

Levier & pédale.

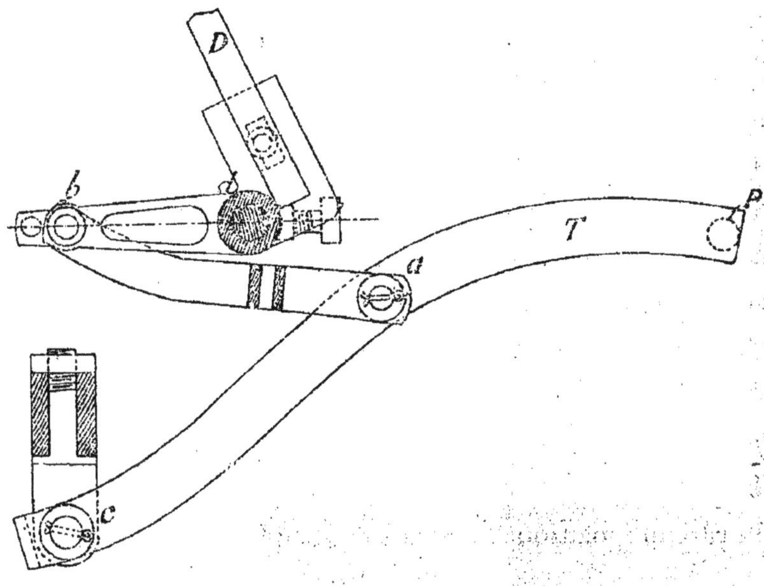

Ces râteaux dont le mécanisme est très simple sont plus durs à faire manœuvrer que le *Lion*. Ils portent à l'arrière un levier, qui peut être actionné à la main et produit les mêmes mouvements que la pédale.

Râteaux Wood et Emile Puzenat. — Ces râteaux sont très légers et conviennent bien pour les prairies tourbeuses où des instruments lourds s'enfonceraient. Un petit cheval, un mulet, un âne même peuvent les conduire. Le bâti est en bois, les dents en fil d'acier. Le râteau Wood porte un siège, au bas duquel se trouve une pédale à la portée du conducteur. Le mécanisme de relevage automatique des dents, se compose de leviers actionnés par la pédale. La fig. 27 représente le mécanisme dans deux positions. Le principe est toujours de rendre les dents D indépendantes du mouvement des roues, quand le râteau travaille, dépendantes de ce mouvement quand on veut dégager de l'outil le fourrage qu'il renferme.

Pour obtenir ce résultat le moyeu des roues R porte un engrenage à denture intérieure E, dans les dents duquel peut s'encastrer une pièce *e*, solidaire d'un levier à contrepoids *l*, à la direction longitudinale duquel il est perpendiculaire ; ce levier *l* oscille autour du point *o'*, et a une tendance à s'abaisser du côté du poids *p* par l'action de ce poids même. Lorsque *p* est abaissé, *e* pénètre dans E, et le système des dents D devenant solidaire du bâti par la pièce B est soulevé par la marche du râteau (position 2). Si au contraire on veut faire tra-

Fig. 25

Relevage des dents du rateau Saunelson.

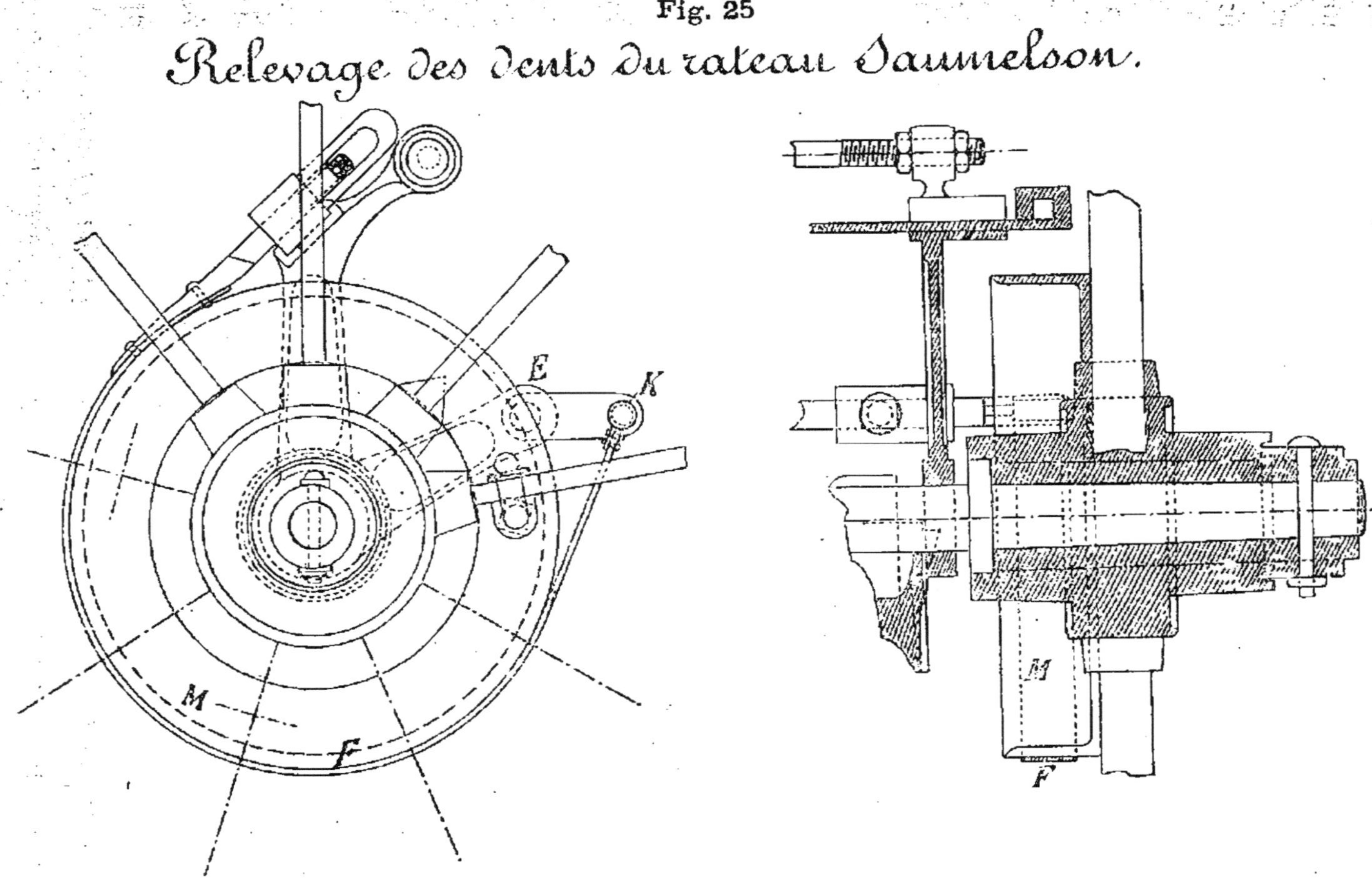

vailler le râteau, une pièce a *b* oscillant autour de a presse sur *l* du côté de *e*, et force *e* à ne plus entrer dans la denture de E ; la pièce *a b* est fixée en *a* sur une autre pièce a *d*, prolongée du côté opposé à *d* par une queue au-dessous de laquelle est placé un ressort *r*, qui tend à maintenir a *b* sur *l* et contrebalance l'effet de *p*.

Fig. 27

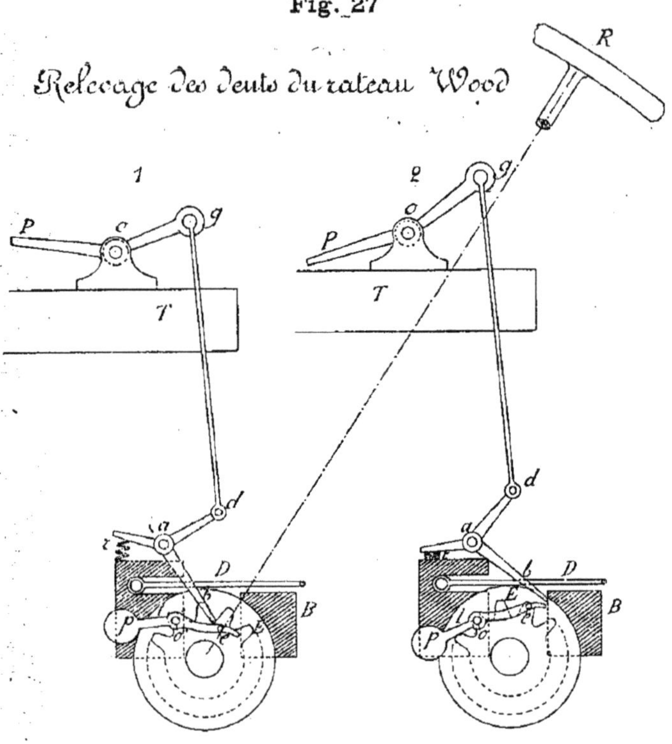

La pièce a *d* est articulée avec une tringle *d g* qui reçoit l'action de la pédale P, oscillant autour du boulon *o*, soutenu par une pièce en fonte boulonnée sur une barre transversale du brancard T. En un mot lorsque l'ouvrier n'appuie pas sur la pédale, la pièce *a d* est maintenue abaissée en *d*, relevée du côté opposé par le ressort *r* (position 1), et a *b* appuie en *b* sur *l* pour empêcher que *e* entre dans la denture de E. Lorsque l'ouvrier appuie avec son pied sur P, *r* est comprimé, le point *b* est relevé et le contrepoids *p* fait basculer *l* pour permettre à *e* d'entrer dans E (position 2).

Le râteau Emile Puzenat (fig. 28) est basé sur le même principe, mais le bois y est remplacé par le fer ; au lieu d'une pièce à contrepoids, c'est une tringle horizontale *t*, recourbée d'équerre en *e*, qui pénètre dans l'engrenage E à denture extérieure, pour rendre les dents solidaires du mouvement des roues R. Quand le râteau marche, des ressorts *r* soulèvent l'extrémité *e* de la tige, pour l'empêcher d'entrer dans E ; quand au contraire l'ouvrier veut faire relever les dents, il appuie avec son pied en P, alors la pièce *a b* articulée avec la tige *t* la repousse ; les ressorts *r* sont comprimés, et la pointe de *e* engrène avec E, les dents D de l'instrument se relèvent.

Fig. 28

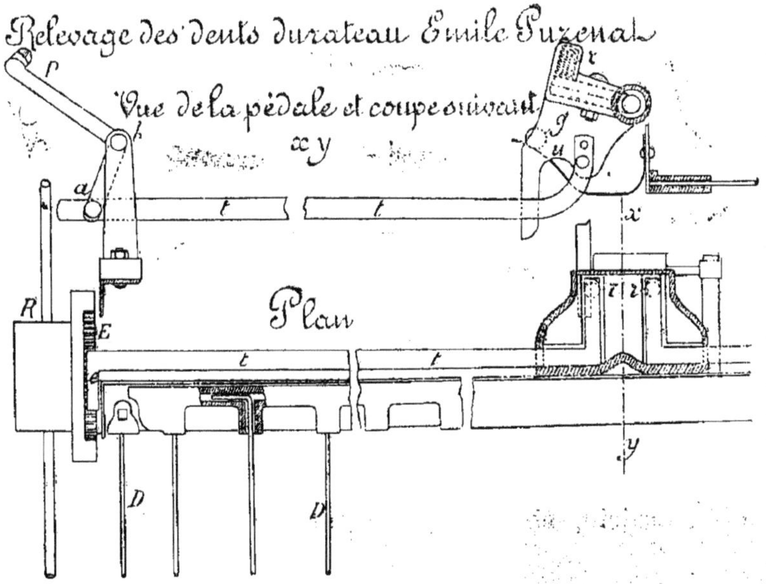

Le seul inconvénient de ces râteaux légers réside dans la déformation facile des dents sous l'influence d'obstacles ou par l'action de foins lourds et rudes ; mais ces dents coûtent peu et peuvent être redressées, surtout si, comme je l'ai dit plus haut, on a soin d'en garder une en supplément pour servir de gabarit.

Les râteaux à cheval ne demandent pas grand effort dans les récoltes moyennes où l'on peut employer des instruments d'une assez grande largeur d'action entre les deux roues porteuses ; mais alors un sérieux inconvénient se présente pour le transport de l'appareil, lorsque les champs, séparés par des clôtures ou des haies, n'ont d'accès que par des portes quelquefois assez étroites, ou bien quand les chemins sont encaissés. Dans ces cas particuliers les constructeurs disposent les bâtis des râteaux de telle sorte qu'on puisse, pour le transport, placer l'instrument en long et rapprocher les roues.

Prix de revient du ratelage mécanique. — Les râteaux à cheval le plus couramment employés travaillent sur une largeur de 2^{m}, marchant à une vitesse de 1^{m} par 1'', soit 72 ares par heure, mais les pertes de temps dues aux tournants, aux dégagements du fourrage ou autres causes, réduisent de 10 % au moins le travail effectif, qui n'est guère que de 60 ares par heure ou six hectares par jour, encore est-il souvent nécessaire de passer deux fois l'instrument sur la prairie, si le fourrage est épais, ce qui réduit à

3 ou 4 hectares le travail effectué. Un seul cheval conduit facilement un râteau.

Le prix de revient d'une journée de travail de râtelage mécanique, peut s'établir ainsi :

Un conducteur	3 fr.	»
Un cheval	5	»
Amortissement à 15 °/₀ l'an d'un capital de 270 fr. pour 40 jours de travail. . .	1	»
Graissage et entretien.	0	60
Total.	9 fr.	60

Soit environ 2 fr. 40 par hectare.

Le prix de revient du séchage mécanique des fourrages se décompose donc ainsi :

Fauchage	6 fr.	»
Fanage	3	30
Ratelage	2	40
Total.	11 fr.	70

Soit 12 fr. environ l'hectare, tandis que le même travail exécuté par des faucheurs, des faneurs et des ramasseurs revient, suivant les pays, de 35 à 50 francs l'hectare.

Chariot à meulons. — Dès que le fourrage est sec il est indispensable de le mettre à l'abri de l'action de la pluie, qui ne tarderait pas à le décolorer et le gâter ; il faut donc, soit le rentrer de suite dans des greniers, ce qui n'est pas toujours possible, soit le réunir en tas assez volumineux disposés en forme de cônes autour desquels la pluie glisse, pour permettre de conserver la qualité et la couleur à la plus grande partie de la masse. La façon de ces tas appelés meules ou meulons, demande beaucoup de temps ; ils doivent, pour ne pas exiger de trop grandes distances de transport, être faits au milieu du champ, ce qui présente de graves inconvénients dans les prairies artificielles par exemple : en effet ou bien on laisse les meules trop longtemps sur le sol, et alors le fourrage de seconde coupe ne peut pousser à la place des meules, ou bien on les enlève peu de temps après, mais pendant ce temps la prairie a repoussé et les charrettes et les chevaux, qui enlèvent les meules, la trépignent et la gâtent.

Pour obvier à cet inconvénient, M. Couteau a construit un chariot spécial qui permet de transporter le fourrage hors du champ, près d'une route par exemple, en le laissant disposé en une série de meulons que l'on peut enlever ensuite, lorsque les travaux des champs le permettent. Ce chariot (fig. 29) se compose d'une caisse basse B, dont le fond est formé par une série de chaînes G, disposées dans le sens longitudinal, et tendues au moyen de deux treuils *t t*. On charge à l'aide de fourches ce foin dans le chariot, et on en porte le contenu, soit près d'une grosse meule en cours, soit sur le bord du champ où, vu leur volume, les meulons peuvent rester encore quelque temps sans être enlevés.

Enfin dans les pays où la main-d'œuvre manque on peut se servir d'appareils dits *chargeurs de foin*. Ces appareils se placent derrière le chariot ou la charrette à

Fig. 29

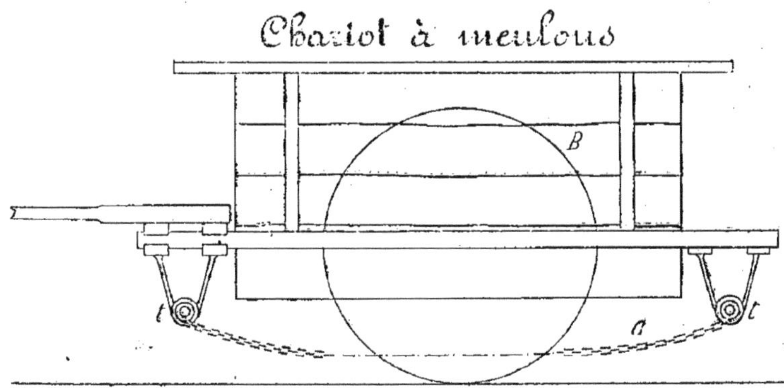

charger ; ils sont supportés par deux roues, qui actionnent des rouleaux sur lesquels passe une toile sans fin, armée de fourches qui entraînent le fourrage disposé en andains sur le sol, et le montent sur le véhicule. On fait varier l'inclinaison du support des rouleaux de la toile sans fin, suivant que le chariot est arrivé à une hauteur de chargement plus ou moins grande. Un ouvrier n'a ensuite qu'à égaliser le foin ainsi élevé.

RECOLTE DES CÉRÉALES

Chapitre IV

Moissonneuses simples et Javeleuses

Il n'est pas, dans nos régions, d'époque de la vie agricole qui présente plus d'intérêt que celle de la récolte des céréales désignée sous le nom de *moisson*. Après tant d'efforts pour amener les plantes à maturité, il faut encore à ce moment compter avec les intempéries, qui peuvent en quelques jours compromettre les résultats de toute une année ; aussi n'est-il pas étonnant que depuis longtemps on se soit préoccupé de trouver des machines pratiques permettant d'effectuer rapidement la moisson. Il est intéressant de suivre les progrès de ces outils ; mais les limites de cet ouvrage ne permettent pas d'en faire l'historique, et je n'ai l'intention de décrire que les machines de types récents ou, parmi les anciennes, celles encore employées.

Les instruments destinés à la moisson des céréales portent le nom de *moissonneuses*. Ces machines peuvent se classer en quatre catégories.

1° Les moissonneuses *simples*.

2° Les moissonneuses *javeleuses*.

3° Les moissonneuses *combinées*.

4° Les moissonneuses *lieuses*.

1° Moissonneuses simples. — Ces machines, appelées aussi *faucheuses moissonneuses*, n'ont qu'un appareil de coupe, le javelage se faisant à la main par un ouvrier spécial. Elles ont été un moment fort en vogue. Une moissonneuse simple n'est, pour ses organes principaux, qu'une faucheuse ordinaire à laquelle on ajoute, derrière l'appareil de coupe, un simple tablier mobile, formé de barres en bois fixées sur une traverse à charnières du côté de la barre coupeuse. C'est sur ce tablier mobile T (fig. 30) que tombent les tiges coupées ; mais à cause de leur poids et de leur hauteur, pour la plupart du temps, elles ne seraient pas abattues sur le tablier T et

Fig. 30

Faucheuse moissonneuse

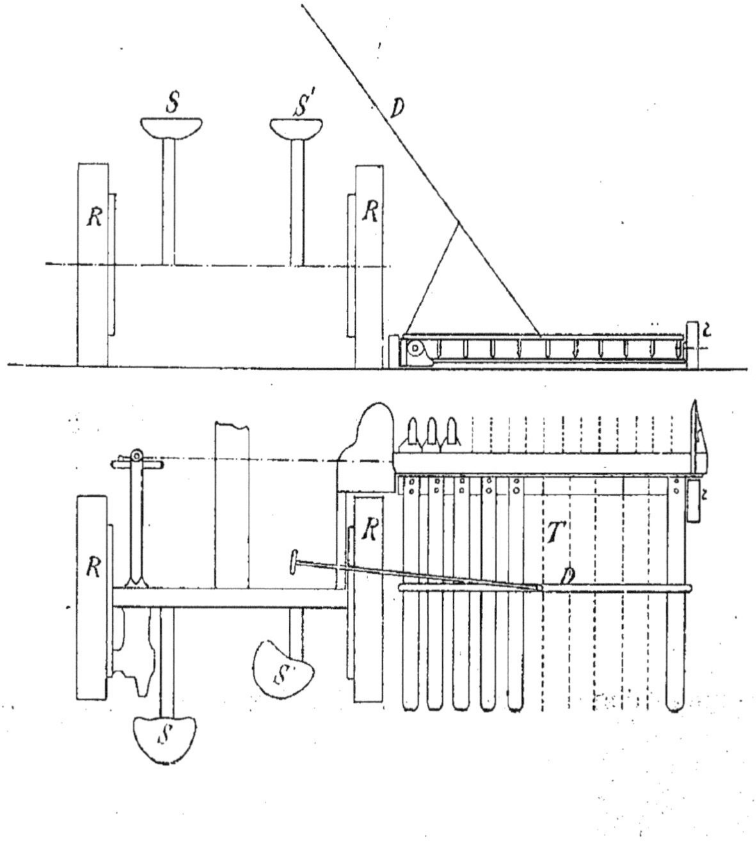

seraient abaissées par les doigts sans être coupées ; il faut pour obtenir ce résultat pousser continuellement les tiges contre la barre pour les forcer à passer entre les sections. On se sert pour cela d'un grand râteau D, manœuvré par un ouvrier placé sur un 2e siège S'. Lorsque la javelle, formée par l'amoncellement des tiges sur le tablier T, paraît assez forte, l'ouvrier, assis sur le siège S', abaisse ce tablier au moyen d'une pédale, et pousse avec le râteau D la javelle qui tombe sur le sol, mais sur la piste même, de sorte qu'on est obligé de placer derrière la machine une série d'ouvriers, pour débarrasser cette piste et permettre aux chevaux de couper une nouvelle tranche parallèle. On avait bien essayé de faire déblayer le tablier T par l'ouvrier placé sur S', comme dans la moissonneuse faucheuse Wood Peltier, (où apparaît le rabatteur des lieuses mû par un système de poulie et un cable actionnés par les roues porteuses); mais, bien qu'il ne soit plus obligé de pousser les tiges contre la scie, l'ouvrier ne peut suffire à débarrasser en temps T, des tiges pour former la javelle, et ces machines n'ont guère travaillé que dans les concours avec des ouvriers exceptionnels.

En résumé, si ces machines faisaient un excellent travail et avaient d'abord séduit les cultivateurs, elles présentaient en réalité peu d'avantages dans le fauchage à la main. Il fallait, même sans javelage, employer un ouvrier, excessivement fort et résistant à la fatigue, pour exécuter pendant toute une journée ce mouvement d'abaissement des tiges et d'expulsion de la javelle, et si le travail paraissait facile lorsqu'on voyait fonctionner les machines dans les concours, cela tient à ce que les constructeurs choisissaient pour l'exécuter de véritables hercules. En pratique, la plupart des ouvriers de ferme quittent le travail dès le second tour de piste de la machine; il faut en outre employer une main-d'œuvre considérable pour débarrasser les javelles. Il est vrai que pour le blé on peut de suite réunir ces javelles et les lier, mais pour ce travail il faut employer des ouvriers consciencieux, et ils sont rares; d'ailleurs, comme ceux qui travaillent dans un champ où l'on emploie une moissonneuse simple, sentent que la quantité de travail fait par la machine dépend de leur activité, le cultivateur, à un moment où la main-d'œuvre est chère, peut être à la merci de ses ouvriers dont le moindre ralentissement arrête l'instrument et paralyse la moisson. Ce n'est donc qu'exceptionnellement pour la petite et la moyenne culture que l'emploi de ces faucheuses moissonneuses est pratique. Il présente surtout des avantages pour des petits propriétaires qui, exécutant la moisson avec leur famille, ont ainsi un personnel dévoué qu'ils ne craignent pas de voir leur manquer. Il y a alors pour eux une réelle économie à transformer la faucheuse en moissonneuse, par la simple adjonction d'un siège et d'un tablier mobile, dont la dépense ne dépasse pas cent francs.

2° Moissonneuses javeleuses. — Ces machines sont munies d'un appareil spécial, rejetant de côté les tiges, réunies en javelles et dégageant la piste pour le passage des chevaux. Il y a dans ces instruments deux parties distinctes qu'il est important d'étudier successivement pour en bien comprendre le mécanisme et le fonctionnement., *a* — appareil de coupe et tablier, *b* — appareil javeleur.

a — *appareil de coupe.* — Cette partie de la machine diffère peu du système employé dans les moissonneuses. Il se compose d'une barre en fer ou fonte portant des doigts (fig. 31), sur laquelle circule une lame de scie formée de sections coupantes, animées d'un mouvement de va-et-vient. Ce mouvement transmis par la roue porteuse, au moyen de procédés analogues à ceux employés dans les faucheuses, n'a pas besoin d'être aussi rapide, car les tiges des céréales se trouvant plus éloignées les unes des autres que celles des plantes formant les prairies, permettent à la scie de reprendre de la vitesse dans les intervalles où elle ne coupe pas. Cette diminution de vitesse a le grand avantage de moins fatiguer la machine et de diminuer l'ébranlement et l'usure. En outre le plateau manivelle *p* est plus grand et la course a *b* embrasse deux intervalles d'entre doigts *c d*, ce qui diminue de moitié le nombre des mouvements de va-et-vient, et par conséquent les changements de sens qui sont une cause de chocs. Comme dans les faucheuses, des guides empêchent la lame de fouetter ; généralement le guide du milieu porte une pièce en fonte, qui dépasse les doigts et facilite le travail de l'appareil javeleur en soulevant les tiges. La disposition des roues permet d'avoir des bielles plus longues que celles des faucheuses, ce qui augmente la flexibilité de ces organes et diminue les causes de rupture. Il est très important de bien dégager la sortie de la lame, afin de faciliter son enlèvement lorsqu'on doit la remplacer. Beaucoup de constructeurs n'ont pas pris cette précaution, ce qui rend, surtout par les temps humides, le remplacement des lames plus difficile.

De chaque côté de la barre de coupe se trouvent deux pièces *v* et V dites *séparateurs*, qui servent à séparer les tiges à couper, de celles qui restent debout, et

Fig. 31

Appareil de coupe & tablier de moissonneuse.

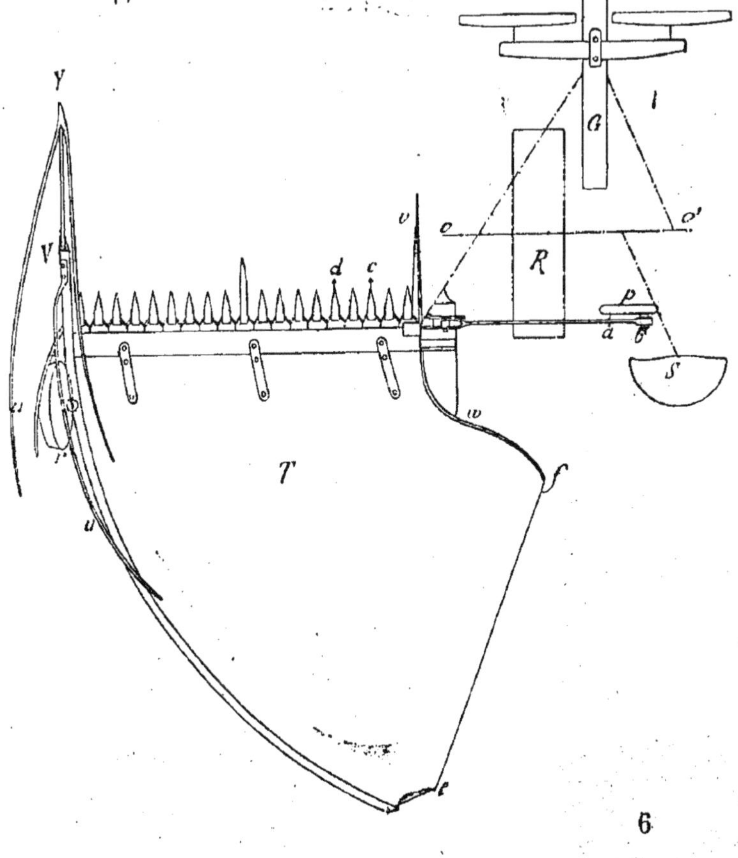

à resserrer ces tiges, afin qu'elles se présentent toutes à la scie. Du côté de la tête de lame, la pièce V est souvent suivie, dans la moissonneuse Wood par exemple, d'une tête recourbée *w* qui guide les tiges sur le tablier T, et les resserre ensuite au moment où elles sont rejetées dehors. Du côté opposé la pièce V d'assez grande longueur présente une pointe armée d'un bec en fer Y, qui pénètre dans la récolte. On dispose en outre au-dessus de V une ou plusieurs tringles en fer *u* placées à différentes hauteurs.

Ces tiges, recourbées suivant la forme du tablier T, servent à soutenir les longues tiges qui en tombant se briseraient sur ses bords. Le tablier est supporté, du côté opposé au mécanisme, par une petite roue *r* qui, au moyen du levier *l* (fig. 32), oscillant autour de l'axe *o* fixé

Fig. 32

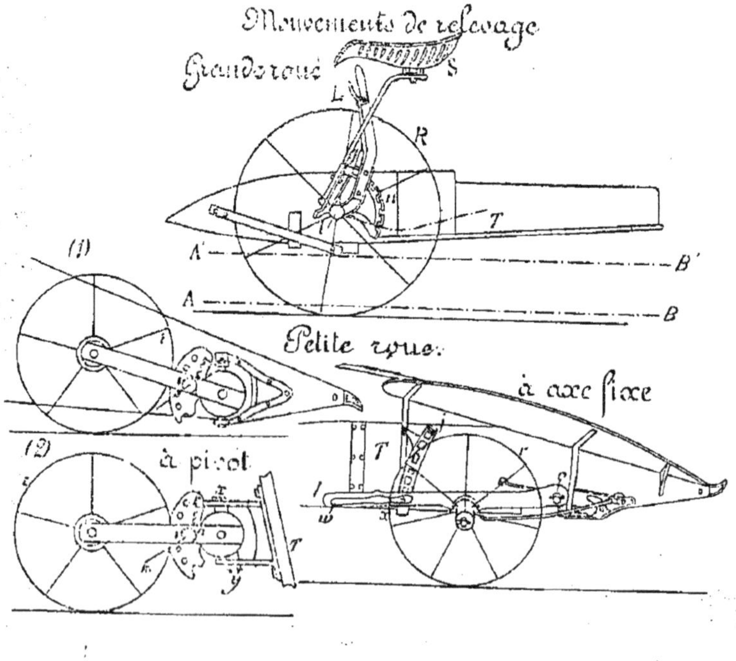

sur le côté vertical du tablier, peut être abaissée ou élevée, selon que l'on veut couper la moisson plus ou moins près du sol. On maintient la roue dans la position voulue par un petit goujon *x*, qui pénètre dans les trous d'un secteur *j*, dans l'un desquels il est maintenu par un ressort *w*.

Dans un certain nombre de machines, cette roue *r* est montée sur un moyeu en fonte solidaire d'une barre *p* mobile autour d'un axe *x y*, de telle sorte que la roue *r*, étant, pendant le travail de l'outil, collée contre le bord vertical du tablier position (1), peut, lorsque les chevaux reculent, prendre la position (2) en pivotant autour de l'axe *x y* et même, en continuant son mouvement, se placer dans le prolongement de la direction primitive, après avoir fait une demi-évolution.

Avec ce système de roue, on évite les encrassements de terre, qui se produisent dans la marche en arrière avec les autres roues, entre le bord de T et *r*. Un pignon *p*, mû par une manivelle *m*, engrenant avec un secteur denté K, permet d'élever ou d'abaisser le tablier.

La hauteur de coupe se règle aussi très facilement du côté de la grande roue motrice R (fig. 32), au moyen d'un levier L oscillant autour de *i*; ce levier est retenu dans les différentes positions qu'il occupe par l'insertion d'un verrou latéral *g* dans un secteur à crans *u*. L'écart entre le plus grand abaissement et la plus haute élévation du tablier est considérable, ce tablier pouvant être au plus bas en A B, et au plus haut en A' B'. Comme dans les faucheuses, un levier à la main du conducteur permet de faire varier l'inclinaison de la barre de coupe, de la faire piquer dans les blés versés, ou de la relever pour passer des obstacles.

Le tablier se fait en bois recouvert de zinc, ou en tôle; de toutes façons la surface doit être lisse pour permettre aux javelles de glisser facilement sans que les épis s'accrochent ou s'écrasent, et d'exiger moins d'efforts sur les bras des râteaux. Le bord extérieur de la partie du tablier T, qui est le prolongement de V, doit être limité par un arc de cercle, dont le centre est situé sur la projection horizontale du point d'insertion des râteaux; elle est formée par un rebord, perpendiculaire au fond, qui maintient les gerbes sur le tablier, et correspond à l'épaisseur des plus grosses javelles que l'on peut faire. La partie *e f* doit être prolongée au-delà de la piste nécessaire au passage des chevaux ; lorsque le tablier est trop court, leurs pieds poussent les javelles et les éparpillent.

Les moissonneuses javeleuses, avec leurs tabliers et leur mécanisme, occupent une très grande largeur, et il est souvent impossible de les faire passer dans des chemins creux ou bordés de haies. Pour éviter cet inconvénient, un certain nombre de constructeurs, et M. Wood en particulier, disposent le tablier à charnières (fig. 33). La barre de coupe B est reliée au bâti A par un long boulon *a b*, et on peut faire pivoter B autour de *a b* pour la relever presque verticalement (fig. 34). On ajoute alors une petite roue *r*, sur un essieu coupé disposé d'avance au-dessous de B, et le système ainsi retréci roule sur les roues R et r. Deux tringles à crochets P Q et M N retiennent B dans sa position, en s'insérant sur B et sur un des bras G. Lorsque la moissonneuse travaille, un fort boulon d, qu'on a enlevé pour le transport, maintient par son écrou la barre B sur le bâti A.

Fig. 33

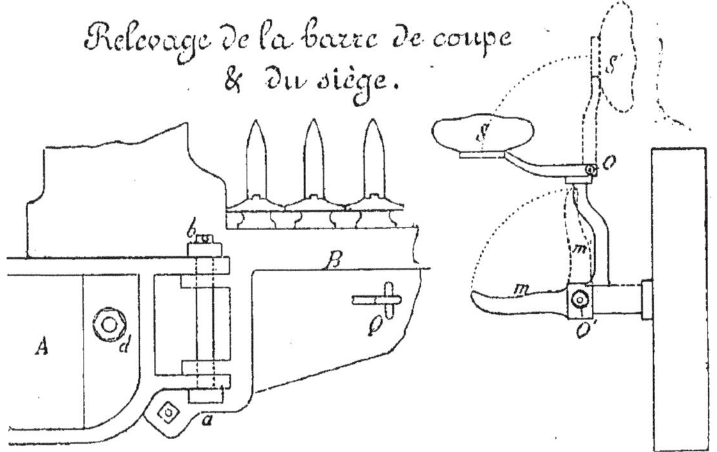

Le siège lui-même S (fig. 33), et son marchepied m, sont aussi montés sur des charnières pivotant en O et O', ce qui diminue encore, par cette disposition, la largeur du train de la machine, qui devient alors inférieure à celle des voitures ordinaires.

Sur le prolongement du bâti en avant de la roue porteuse, se trouve, comme dans les faucheuses, une flèche où l'on peut atteler deux chevaux sur un palonnier ; une barre, située à l'extrémité de la flèche, permet aux animaux de reculer.

Fig. 34

Disposition de la moissonneuse pour le transport

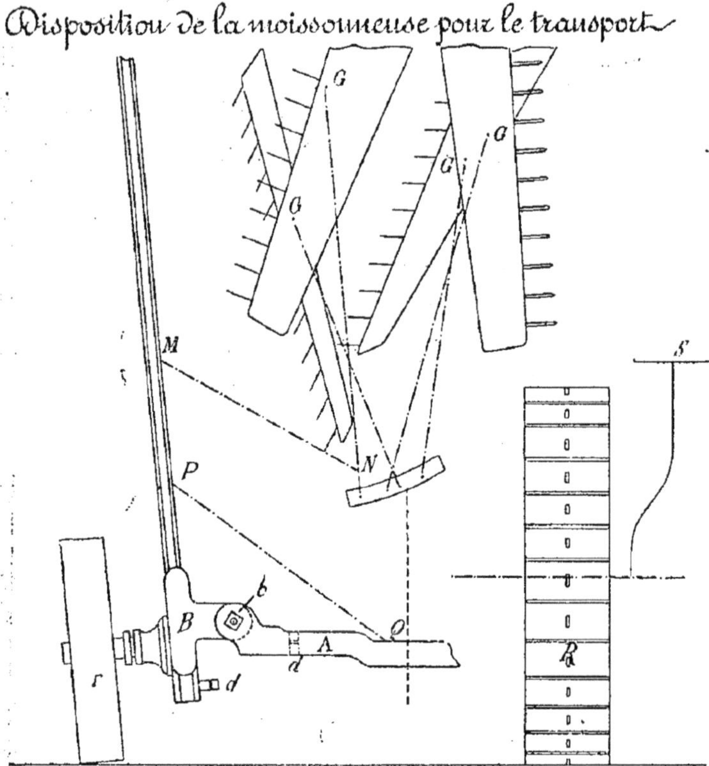

Le siège S (fig. 31 et 33) où se place le conducteur est fixé, du côté opposé à la barre de coupe, à une pièce de fer qui a son point d'appui sur l'essieu de la grande roue, ou son prolongement. Le poids du conducteur fait équilibre à celui du tablier, et tout l'appareil se trouve ainsi supporté par la roue unique R assez large de jante, qui donne le mouvement au mécanisme.

b. — **Appareil javeleur.** — Les tiges déposées sur le tablier, après avoir été coupées par la lame de scie, doivent être enlevées de ce tablier, et déposées en petits tas ou javelles hors de la piste des chevaux.

Ce travail s'exécute à l'aide de bras spéciaux D (fig. 35) munis de dents. Ces bras doivent être disposés de telle sorte qu'après avoir frotté sur le tablier, ils se relèvent brusquement pour ne pas attrapper le conducteur et les chevaux. Dans les anciennes machines, l'appareil javeleur se compose de deux catégories de bras, les uns dits *rabatteurs* passant un peu au-dessus de l'appareil de coupe et du tablier, (ces rabatteurs munis d'une simple planche forcent les tiges à passer entre les doigts et les sections); les autres, dits *javeleurs*, sont armés de dents qui viennent frotter contre le tablier et entrainent les javelles sur le sol. Ordinairement ces machines portaient deux râteaux rabatteurs alternant avec deux javeleurs. C'est ce qu'on appelait les machines à javelage fixe ; elles étaient réglées d'avance, avant de commencer le travail, selon la hauteur de coupe et la nature de la récolte à faucher. Le charretier, qui pouvait être le premier ouvrier de ferme venu, n'avait qu'à s'occuper de ses chevaux, et à regarder si aucun obstacle ne se trouvait devant l'appareil coupeur. Ces machines étaient plus faciles à conduire ; les engrenages de commande se trouvant plus élevés au-dessus du sol, on évitait les engorgements de tiges dans le mécanisme, lorsque les récoltes étaient fortes.

Aujourd'hui on a supprimé les rabatteurs, et ce sont les mêmes râteaux qui, suivant leur position, font selon les besoins fonction de rabatteurs ou de javeleurs. Ce qui a fait comprendre la nécessité de modifier la grosseur des javelles, c'est l'inconvénient qui se présente aux tournants, lorsqu'on y jette celles qui se trouvent, au tour suivant, trépignées par les pieds des chevaux. Certaines machines portaient bien, à la disposition du conducteur, des pédales, qui permettaient à volonté de suspendre l'action d'un ou plusieurs javeleurs ; on conservait ainsi les tiges sur le tablier de manière à ne jeter la javelle sur le sol que dans les tournants, lorsque les chevaux avaient recommencé une piste dans une autre direction ; mais les premières machines construites avec ces pédales n'étaient pas bien équilibrées, et leur mécanisme beaucoup trop près de terre. Les derniers types n'ont plus ces inconvénients ; aussi les anciennes moissonneuses à système fixe ont-elles disparu, non sans laisser quelques regrets chez des agriculteurs qui les ont employées pendant huit et dix ans, sans qu'elles aient exigé de réparations sérieuses.

Tandis que les anciens javeleurs et rabatteurs étaient guidés par des galets, roulant sur un chemin incliné de forme particulière, élevé ou abaissé par des écrous suivant les besoins. le système javeleur des machines les plus employées maintenant se compose de 4 ou 5 râteaux, tous munis de dents et articulés sur l'arbre central ; ces râteaux portent à leur partie inférieure des rouleaux u (fig. 35) pouvant suivre deux chemins distincts ; lorsqu'ils circulent sur le chemin supérieur x, les râteaux n'appuient pas sur le tablier et font l'office de rabatteurs. Si les rouleaux passent sur le chemin inférieur y les râteaux D frottent au contraire sur le tablier, qu'ils débarrassent des tiges en formant la javelle.

Fig. 35

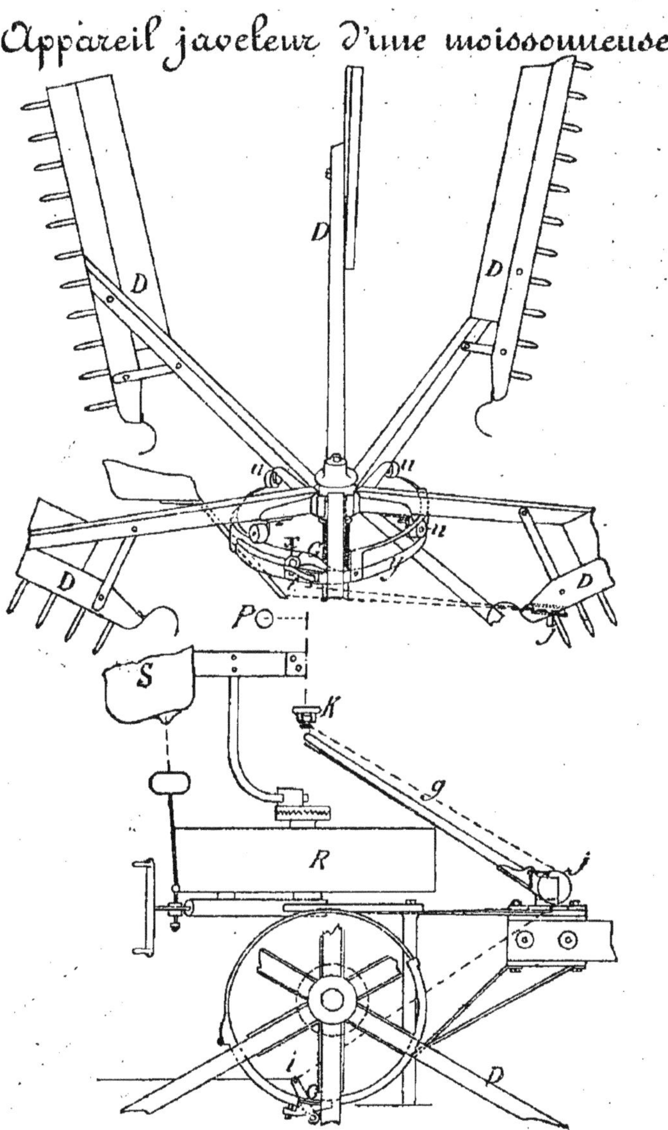

Le changement de voie s'opère par une pièce courbe G qui sert de trait-d'union entre y et x, et permet aux rouleaux de monter sur le chemin supérieur. Ce changement peut se faire à la volonté du conducteur, au moyen d'une pédale P, qui fait tourner un petit treuil K, enroulant une chaîne g, passant sur une poulie j, et venant tirer en i une pièce articulée solidaire de G.

La plupart des systèmes javeleurs sont basés sur les mêmes principes. Je vais indiquer les détails de ces dispositifs pour trois types de moissonneuses.

Système javeleur Samuelson. — Ce système est à peu près celui indiqué dans la fig. 35, mais récemment la maison Samuelson y a ajouté un mécanismequi en facilite le fonctionnement. Un levier l (fig. 36) est muni d'un

Fig. 36

Système javeleur Samuelson

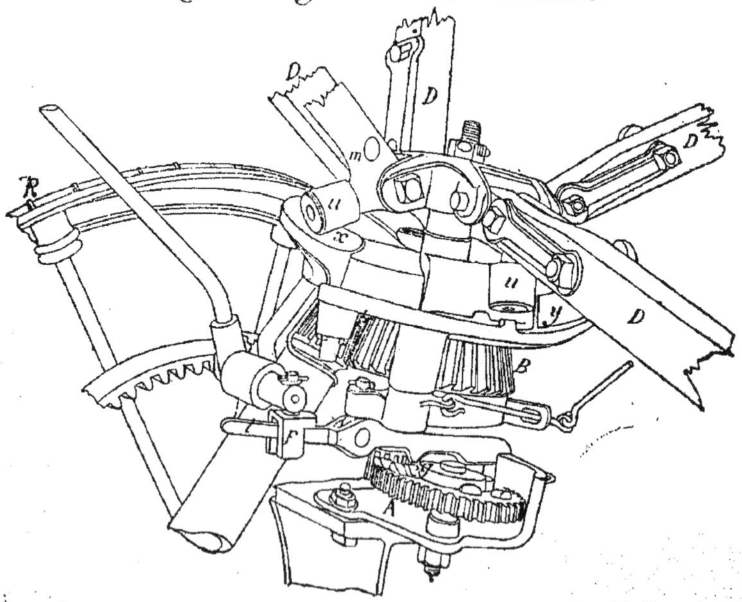

contre-poids *p*, qui a pour but d'éloigner *l* du chemin *g*, dès que la pédale a cessé d'agir, en un mot de forcer les râteaux à être rabatteurs en marche libre, de telle sorte que les tiges formant javelles ne peuvent être expulsées du tablier qu'à la volonté du conducteur.

Dans cette moissonneuse, les galets *u* roulent sur un moyeu *m*, qui fait corps avec la pièce de fonte supportant les bras D.

Système javeleur Albaret (dernier modèle). — Ce système est représenté (fig. 37). Les rateaux D reçoivent leur mouvement de la roue porteuse R, il suffit d'agir sur le levier *c* à la main du conducteur ; ce levier déplace un manchon d'embrayage sur lequel est fixée la roue a. Cet embrayage rend le manchon solidaire de l'arbre moteur *b*. Cette roue a transmet le mouvement à une autre roue *d* par une chaîne de galle en fer forgé, très solide, qui peut être tendue suivant la position et la résistance à vaincre par les galets *e* et *f*. Une roue *g* venue de fonte avec *d*, et par conséquent entraînée par elle, engrène avec la roue conique *h* calée sur l'arbre vertical *i* des râteaux D.

La pédale *j* placée à la portée du pied du conducteur, lui permet de suspendre le javelage, sans arrêter le mouvement des râteaux ; il peut donc ou conserver les tiges sur le tablier aux tournants, ou modifier à sa volonté la grosseur des javelles. Pour arriver à ce résultat, il agit sur le levier à boule K (fig. 37), qui porte un verrou articulant avec un secteur *l* ; le levier K en commande un autre *m*, situé au-dessus d'un engrenage à plateau muni à sa partie supérieure de crans *n* : cet engrenage est calé sur l'arbre des râteaux D. Suivant leur position, ces crans soulèvent, par l'intermédiaire du levier *m*, l'aiguille *p* d'embrayage des javeleurs, ce qui permet d'obtenir instantanément un javeleur sur deux coups, un sur trois, un sur quatre, un sur six, et enfin un sur douze. Des indications visibles sur le plateau même, font voir la place que doit occuper le levier *m*, maintenu en place par le verrou de commande de K, qui pénètre dans les encoches d'arrêt *r*.

Les râteaux qui font la javelle sont au nombre de cinq, fixés sur un plateau en fonte S, par des pattes en fer *t*, portant des galets *u* qui s'articulent sur des broches V.

Système javeleur Wood. — Dans ce système l'ouverture ou la fermeture de la pièce G (fig. 38), qui fait

Fig. 38

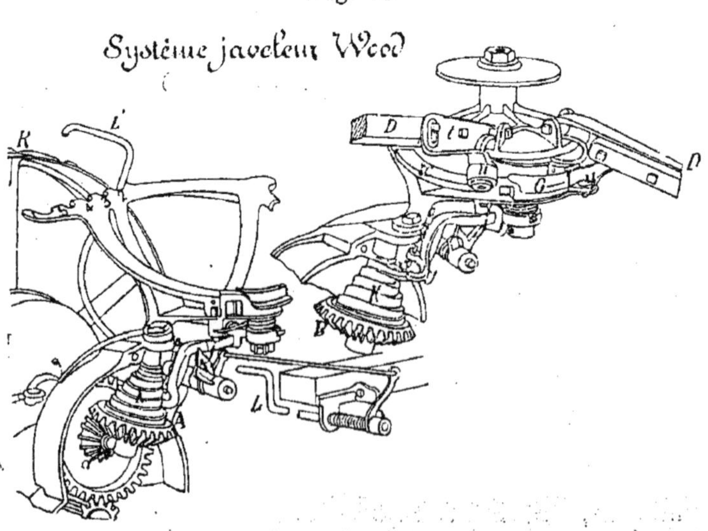

Fig. 37

Système javeleur de la moissonneuse Albaret.

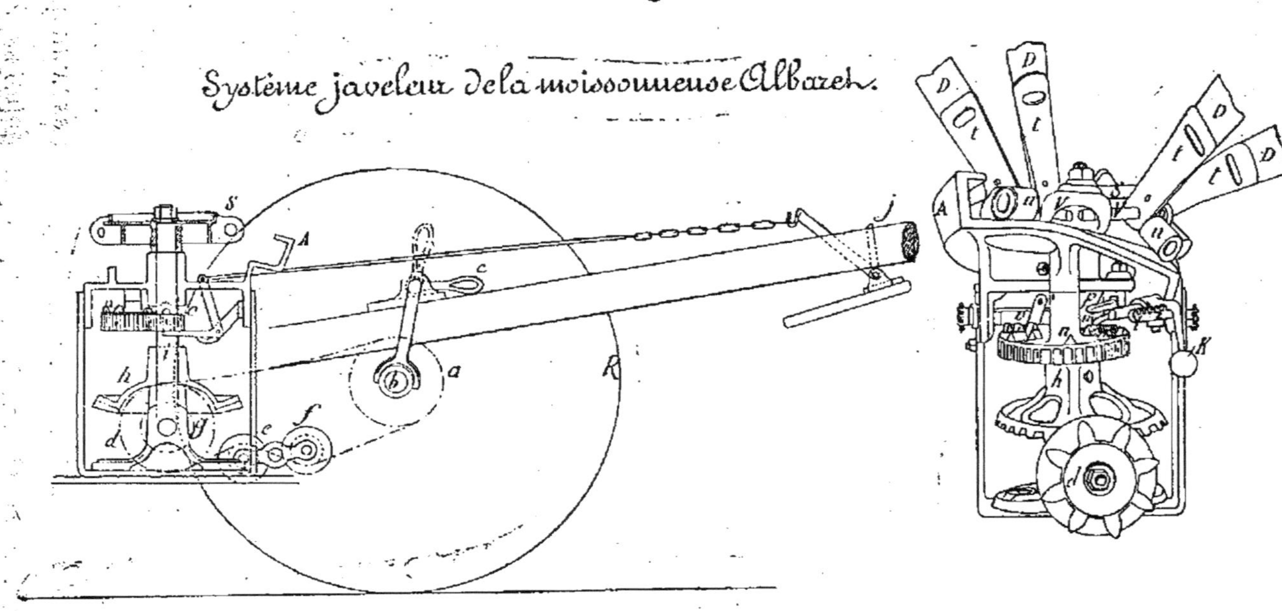

passer les galets *u* du chemin inférieur *y* sur le chemin supérieur *x*, se produit par l'action d'un chien *j*, dont l'extrémité inférieure peut circuler sur les bords héliçoïdaux du cône K. Quand l'extrémité de *j* s'appuie sur la partie supérieure de K, les râteaux circulent sur le chemin *x* et ils sont tous *rabatteurs*. Si au contraire le chien *j* s'appuie sur le cône K, les galets *u* circulent sur le chemin inférieur *y*, les râteaux D appuient sur le tablier et font l'office de *javeleurs*. Le nombre de tours fait par la pointe inférieure de *j* sur le chemin en hélice de K correspond au nombre de râtelages faits par les bras D. On peut obtenir ainsi une, deux, trois, quatre et même cinq javelles, de suite, en plaçant le levier L' dans les crans correspondants. La pédale L, à la portée du conducteur, lui permet d'arrêter à volonté le râteau javeleur.

Pour le travail de coupe comme pour celui de javelage, le mécanisme reçoit son mouvement de la roue porteuse (fig. 39). Dans la plupart des types, sur l'arbre de cette roue se trouve un engrenage à denture intérieure A, qui transmet le mouvement à un pignon a, calé sur un autre arbre *x*; cet arbre *x* porte un engrenage conique E, actionnant *e*, sur lequel est fixé l'arbre du plateau manivelle *p*, commandant la bielle de la scie.

Le mouvement des râteaux est aussi donné par la roue porteuse, au moyen de la roue d'angle *d*, venue de fonte avec E qui actionne D ; sur l'arbre de D, le pignon conique *u* entraîne *u'* solidaire du pignon droit *f*, qui engrène avec la roue à denture intérieure F, calée sur un arbre vertical enfermé dans un manchon transmettant le mouvement aux râteaux.

Fig. 39

Mécanique d'une moissonneuse javeleuse.

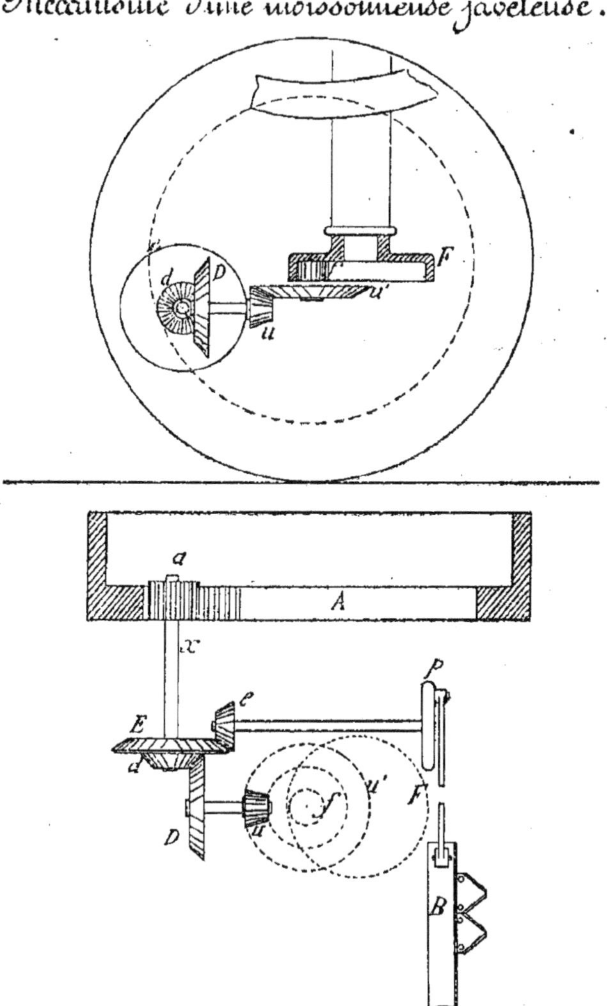

Disposition du terrain pour le moissonnage mécanique et mise en marche des machines. — Les moissonnéuses javeleuses n'exécutent pas complètement le travail de la moisson, mais il est, dans l'état actuel des procédés de culture, des cas où elles constituent les seuls outils possibles pour la récolte des céréales, lorsque les tiges sont humides ou leurs pieds fort engagés d'herbes. Il me paraît donc rationnel d'étudier maintenant les questions relatives aux dispositions du terrain pour le moissonnage mécanique.

L'utilisation rationnelle des machines à moissonner exige que les différentes façons culturales aient été bien exécutées. Les champs devront autant que possible être épierrés et roulés au printemps pour aplatir les mottes ; ce qui ne veut pas dire que les moissonneuses ne peuvent pas travailler dans un terrain où se trouvent des pierres, des mottes ou autres obstacles, mais ces obstacles amènent les ruptures de lame et des bourrages qui retardent le travail et en augmentent le prix, ils nécessitent beaucoup plus d'attention de la part du conducteur, et fatiguent les attelages, obligés continuellement de s'arrêter et de reculer. Le complément de la moisson est l'emploi de moyettes ou de petites gerbes liées que l'on place debout ; car si on laisse les javelles sur le sol, un vent d'orage peut les disperser dans tout le champ. En employant les moyettes, on peut couper les céréales quelques jours avant la maturité, qui se complète dans la moyette même.

Avant d'attaquer un champ avec une moissonneuse, il faut faire une piste pour laisser passer l'attelage qui sans cela piétinerait la récolte. Cette piste doit se faire tout autour du champ, en ayant soin d'arrondir les angles pour faciliter les tournants. Généralement la machine fait tout le tour du champ ; mais pour cela il faut que les céréales soient droites. Pour éviter de la main-d'œuvre, lorsqu'on dispose de plusieurs machines, et que les champs sont de grande étendue, on a souvent intérêt à placer les moissonneuses dans la même pièce et l'une derrière l'autre ; mais si, pour une raison quelconque, rupture de la scie ou autre pièce, engorgement etc., l'une des machines se trouve arrêtée toutes les autres sont obligées d'attendre derrière elle ; ce qui peut occasionner une perte de temps considérable. Si on coupe la récolte dans des champs de grande étendue, on peut faire une double piste au milieu, et disposer une moissonneuse dans chaque portion de la pièce ; la surveillance est aussi facile, et les causes de retard, par suite d'arrêts, diminuées de moitié.

Quand les céréales sont fortement inclinées, on ne peut plus couper tout autour du champ ; il ne faut faire travailler la machine que sur un seul côté, dans la direction opposée à la verse, la pointe des doigts inclinée d'arrière en avant, pour les faire mieux pénétrer à travers les tiges. Dans le cas de récoltes un peu tourbillonnées, il faut encore augmenter l'inclinaison de la barre de coupe.

Prix de revient du travail d'une moissonneuse. — Ce prix de revient dépend de l'effort de traction qu'exige l'instrument, et de la surface travaillée par jour. L'effort varie avec l'état et la qualité du sol, la nature des récoltes, l'affûtage des lames. Il augmente si la terre est détrempée après une pluie d'orage, comme il en survient souvent en France à l'époque de la moisson. Si la céréale est forte et versée, l'effort est plus grand et la surface coupée moindre, puisque l'attelage revient à vide une partie du temps. Il faut aussi, pour diminuer l'effort de traction que les lames soient bien affûtées. Cet affûtage doit, comme pour les faucheuses, être fait par un ouvrier spécial, qui surveille tout le travail. Il faut changer les lames toutes les trois heures dans des céréales droites poussées dans des terrains bien préparés, toutes les deux heures, et quelquefois plus souvent dans des champs où la récolte est versée ou le sol pierreux.

Les essais dynamométriques comparatifs se font de la même manière que ceux des faucheuses, que j'ai indiqués au commencement de ce volume. Les efforts constatés aux expériences faites à Noisiel, en 1889, varient entre 120 et 140 kilogrammètres. Il en résulte que deux chevaux de moyenne force peuvent conduire une moissonneuse, mais, pour avancer le travail, il est bon d'avoir deux attelages que l'on change toutes les deux heures. On peut aussi se servir de bœufs, toutefois, quand on emploie ces animaux, il faut modifier les engrenages de commande pour augmenter la vitesse de la lame de scie, le pas du bœuf, surtout lorsqu'il est attelé au joug, étant sensiblement plus lent que celui du cheval.

Une moissonneuse attelée de deux forts chevaux peut

couper 35 à 40 ares par heure soit 3 hect. 50 à 4 hectares par jour.

La dépense d'achat de l'outil et son usure sont aussi des facteurs du prix de revient total. Une bonne moissonneuse ne coûte guère maintenant que 700 fr. ; bien entretenue, elle peut durer 6 à 7 ans.

Enfin pour les moissonneuses ordinaires, le prix de revient dépend de ce qu'on paie par hectare aux ouvriers chargés de lier et de mettre les gerbes en moyettes ou en tas ; ce prix est très variable, et pour cette partie du travail, l'agriculteur est encore à la merci des exigences des ouvriers ; mais en temps ordinaire et pour des récoltes moyennes, ce travail est payé, dans la Beauce et la Brie, environ 8 fr. de l'hectare.

Le prix de revient d'une journée de travail de moissonnage mécanique peut donc s'établir à peu près ainsi :

Un conducteur	3 fr.	»
Un ouvrier pour affûter les scies . . .	4	»
Un gamin pour débarrasser les javelles.	1	50
Amortissement à 15 °/₀ l'an d'un capital de 700 fr. pendant 20 jours de travail . .	5	25
Graissage et entretien.	1	25
Liage et mise en tas environ	30	»
Total.	45 fr.	»

Ce qui remet le prix de revient de l'hectare de 11 à 13 francs environ.

3° Moissonneuses combinées. — Les moissonneuses combinées sont des machines qui peuvent servir alternativement de faucheuses et de mois sonneuses javeleuses. Elles doivent porter deux roues pour pouvoir servir comme faucheuses ; dans ce cas elles ne sont pas munies d'appareil javeleur, et le mouvement de la scie s'obtient par des combinaisons d'engrenages donnant une grande vitesse. Lorsqu'elles doivent moissonner, on y adapte l'appareil javeleur et le tablier, et l'on ralentit, par un changement d'engrenages, le mouvement de l'appareil de coupe ; on est aussi obligé de déplacer le siège, afin que le conducteur ne soit pas attrapé par les râteaux dans leur mouvement de rotation. Dans d'autres machines au lieu de déplacer le siège, les constructeurs en disposent un second, sur le côté de l'instrument opposé à la barre de coupe. Ces changements offrent de sérieux inconvénients pour beaucoup de cultivateurs, qui jettent dans un coin de hangar les pièces destinées à transformer la faucheuse en moissonneuse, pièces qui sont souvent détériorées ou perdues au moment du travail. Les moissonneuses combinées sont généralement plus lourdes que les autres machines; toutefois elles peuvent rendre des services dans les moyennes cultures, dont le budget serait trop grevé par l'achat de deux outils distincts, faucheuse et moissonneuse. Les deux roues porteuses sont de même diamètre et semblables à celles des faucheuses. Les premières moissonneuses combinées étaient fort lourdes, mais les derniers types, très bien construits comme la *Merveilleuse Johnston* et l'*Excelsior Rigault*, demandent une traction qui n'est guère supérieure à celle des moissonneuses javeleuses ordinaires, sauf quand le sol est détrempé.

Chapitre V

Moissonneuses lieuses

Les faucheuses moissonneuses et les moissonneuses javeleuses laissent les javelles sur le sol. Il faut encore les réunir, les lier et les disposer en faisceaux pour les préserver de la pluie, et, surtout par les temps humides, du contact avec la terre détrempée qui fait germer le grain. Ces machines, n'exécutant qu'une partie du travail de la moisson des céréales, ne mettent pas l'agriculteur à l'abri des exigences des ouvriers. J'ai vu en effet, il y a une dizaine d'années en Algérie, des cultivateurs, qui ayant acheté des moissonneuses javeleuses, durent les abandonner, les Kabyles qu'ils employaient ayant demandé aussi cher pour lier les gerbes coupées mécaniquement, que pour effectuer le travail complet.

Un outil capable de faire entièrement la moisson des céréales, c'est-à-dire coupant, liant et réunissant la récolte, peut seul donner une solution économique et pratique du problème. Les moissonneuses précédemment décrites sont donc des instruments destinés à disparaître. Il est vrai que l'on peut faire suivre les moissonneuses javeleuses ordinaires de lieuses indépendantes, prenant les javelles sur le sol, les réunissant et les liant, mais l'emploi de ces machines ne s'est pas généralisé. Il est difficile de régler les gerbes ainsi liées, et souvent, si le vent est fort, la javelle faite par la moissonneuse est dérangée en arrivant sur le sol, et ne peut plus être prise régulièrement par la lieuse indépendante ; seul l'instrument qui a coupé et rangé les javelles peut les lier convenablement. Ces machines, dites *moissonneuses lieuses*, se composent de différentes parties que je vais étudier successivement : 1° *le Bâti*, 2° *l'Appareil de coupe*, 3° *les Rabatteurs*, 4° *le Tablier*, 5° *l'Elévateur* (supprimé dans certaines machines nouvelles), 6° *les Systèmes égaliseurs et botteleurs*, 7° *l'Appareil lieur*, 8° *l'Appareil de transport*. Certaines machines sont en outre munies d'un *porte-gerbes*.

1° *le Bâti*, qui soutient presque tout le système, est supporté par une grande et large roue, et une autre plus petite et moins haute, située à l'extrémité de l'appareil de coupe ne servant guère qu'à soutenir le tablier. Il est très important de bien équilibrer les pièces formant le bâti, afin d'éviter les dislocations, qui ont les effets les plus désastreux sur un appareil aussi délicat, soumis à des efforts dans tous les sens. Le mécanisme lieur, placé du côté opposé au tablier et à la scie, doit faire équilibre au système coupeur et aux élévateurs. Le bois, qui semblait donner plus d'élasticité, fut d'abord choisi dans les premières machines, celles de Wood en particulier ; mais les alternatives de sécheresse et d'humidité détruisaient vite l'homogénéité du système. Aujourd'hui les bâtis se font en fer et surtout en acier.

La lieuse Albaret (fig. 40) est fixée sur un bâti en acier, formé de cornières W solidement boulonnées entr'elles. Le siège S est placé de manière à permettre au conducteur de voir assez loin devant la scie ; ce conducteur a

Fig. 40

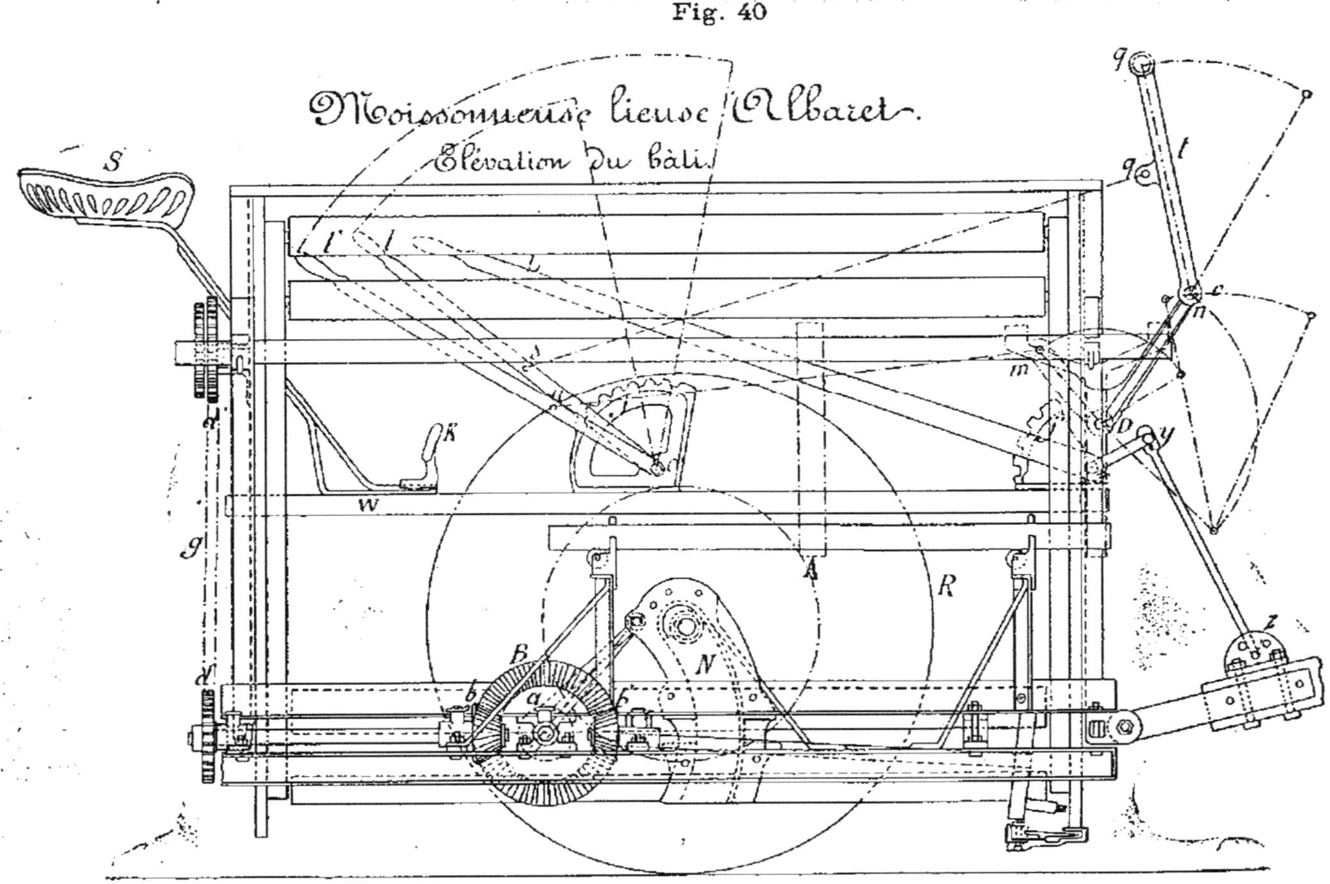

Moissonneuse lieuse Albaret.
Élévation du bâti

sous la main les leviers L l l', qui lui permettent de relever ou d'abaisser la barre coupeuse, de modifier la hauteur et l'inclinaison des rabatteurs, d'embrayer ou désembrayer la scie ; il peut aussi de son siège faire varier instantanément la position des liens des javelles, suivant la longueur et la nature des récoltes.

Le bâti de la lieuse Samuelson (fig. 41) se compose d'un fer cornière W recourbé à angle droit du côté de la petite roue r, dont il supporte l'axe, et d'autres fers cornières K, rivés perpendiculairement sur lui embrassant la roue porteuse R ; un autre fer W', parallèle à W, sert de support à la barre de coupe, de manière à relier entr'elles d'une manière invariable les différentes parties de la machine.

La lieuse Mc Cormick est montée sur un bâti composé de tubes carrés creux en acier, très légers et malgré cela très indéformables ; ces tubes peuvent se boulonner facilement et solidement les uns sur les autres. Placés plus haut que le tablier, les engrenages de commande sont moins exposés que dans toute autre machine aux engorgements de terre ou de tiges coupées. La plate-forme, placée au-dessous de la toile du tablier, est en tôle d'acier courbée à angle droit à son extrémité arrière pour maintenir la toile sans fin.

La lieuse Osborn est une des plus légères et toutes les parties de son bâti sont bien équilibrées et entretoisées ; c'est une des moissonneuses à trois toiles qui donne le moins d'effort de traction ; mais si, par suite d'un choc violent, elle vient à être disloquée et si quel-

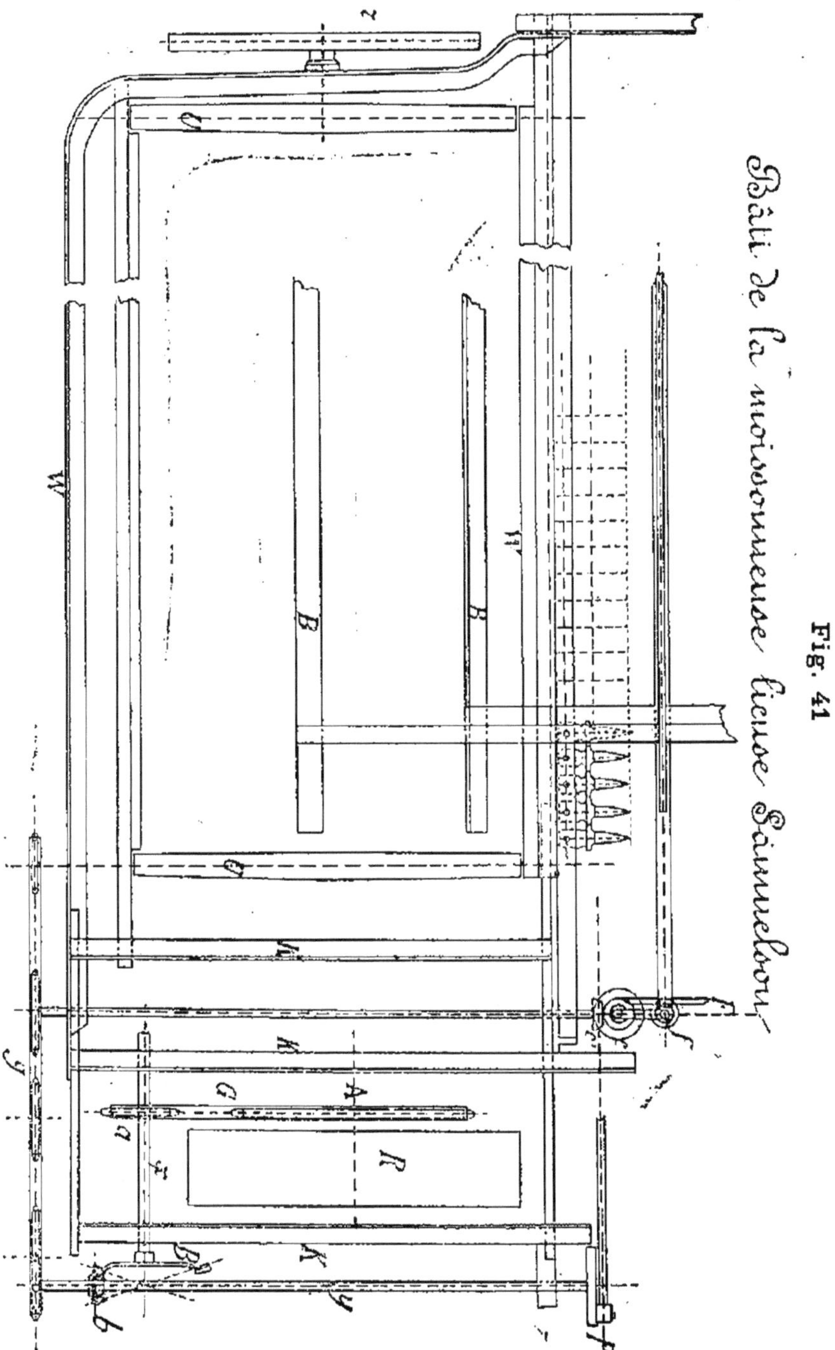

Fig. 41

Bâti de la moissonneuse lieuse Samuelson

ques-unes de ses pièces sont faussées, elle est presque impossible à réparer dans un atelier ordinaire.

La grande roue R, placée à peu près sur la verticale du centre de gravité de la machine, transmet le mouvement au mécanisme, elle porte sur le pourtour de sa jante des parties en saillie, qui l'empêchent de riper lors-

Fig. 42

Roue motrice de la lieuse Wood à 3 toiles.

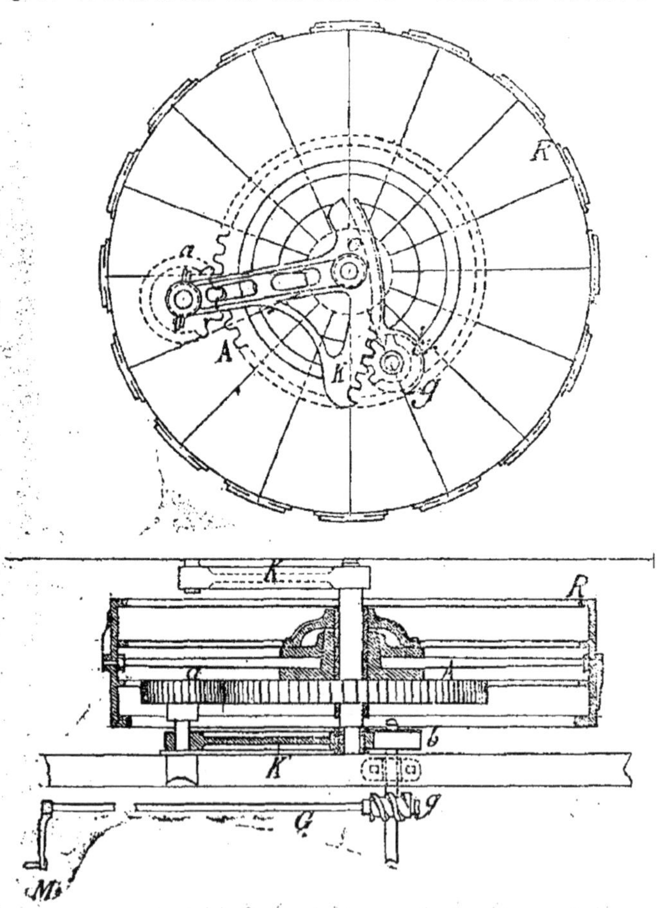

que l'effort exigé par l'appareil de coupe et le lieur est très considérable.

La petite roue *r* disposée, comme dans les moissonneuses ordinaires, sur le côté extérieur de la barre de coupe, ne doit être ni trop lourde ni trop large, parce que, si elle opposait une grande résistance, le tirage s'opérerait obliquement, ce qui augmenterait la traction et tendrait à fausser les axes du mécanisme ; cependant cette roue doit être résistante, car elle reçoit de fortes secousses dans les inégalités de terrain, trous, ornières, pierres, etc.

Les roues R et r doivent être montées sur des boîtes en bon métal faciles à remplacer. Les premières lieuses portaient un engrenage de commande démontable (lieuse Wood par exemple), représenté en A (fig. 42) ; il était fixé par des boulons sur la plaque qui relie tous les rais. Ces roues étaient très solides, mais un peu lourdes. Aujourd'hui les jantes très légères, en acier, sont retenues au moyeu par un double système de rais obliques, et la transmission de mouvement aux organes se fait par une roue à chaîne de Galle, clavetée sur l'arbre-essieu de R.

La hauteur de coupe peut être réglée, du côté de la grande roue de la Wood (fig. 42), de la manière suivante : l'axe de R est porté, d'un côté par un bras K, pouvant pivoter sur son centre d'attache, de l'autre par un levier à secteur denté K', qui a pour centre l'axe du pignon a, et qui engrène avec un autre pignon *b*, fixé sur le même arbre qu'une roue *g* à denture hélicoïdale, entraînant une vis calée sur la tige G; est actionnée par la manivelle M, qui en tournant effectue le mouvement de relevage ou d'abaissement de l'ensemble du bâti.

On se sert aujourd'hui dans les dernières lieuses, celle de Mac Cormick par exemple, d'un système plus simple pour le relevage des roues. Ce mouvement s'effectue (fig. 43), pour la roue de côté *r*, par une manivelle *m* qui porte à son extrémité un petit galet *e*, à filet hélicoïdal engrenant avec une crémaillère verticale E. Cette crémaillère fait corps avec une partie mobile, portant l'essieu coupé de la roue se déplaçant dans le cadre à glissière G, qui est fixé sur le côté de l'appareil de coupe. C'est sur une des faces de G en C qu'est placé le cadre où passe le timon de transport, dont il sera parlé plus loin.

Les premières lieuses étaient très lourdes et exi-

Fig. 43

Relevage de la roue de côté
Lieuse Mc Cormick

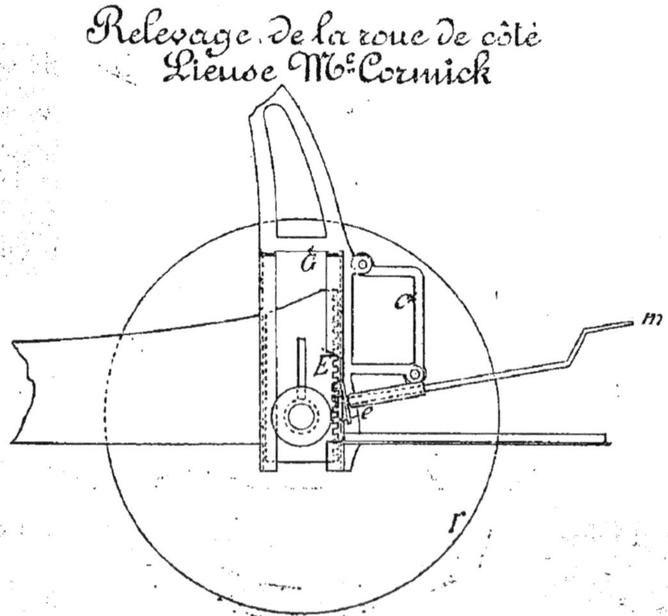

geaient souvent quatre chevaux ; aujourd'hui deux suffisent pour les traîner à la condition de les changer toutes les deux heures. Dans les pays où les chevaux sont légers comme en Algérie, il faut en mettre au moins trois. Une bonne disposition pour atteler trois chevaux de front est celle adoptée dans la lieuse M. Cormick (fig. 44). Bien en arrière des palonniers, fixée en *o* se trouve

Fig. 44

Palonniers d'une lieuse.

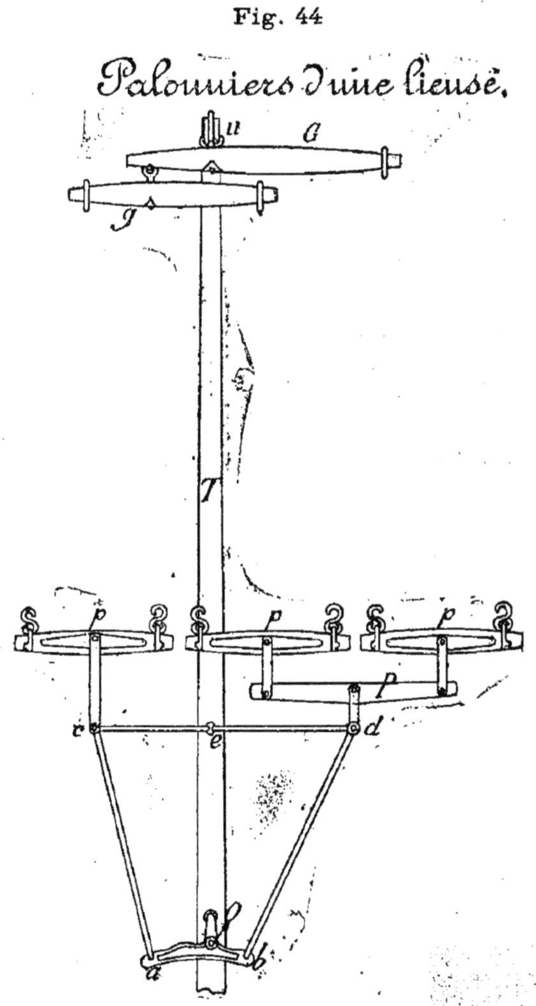

une barre, qui porte à ses extrémités en *a* et *b* deux tringles *a c*, *b d* où sont attachés les palonniers *p*. Du côté de *o b*, qui est 1/2 de *o a*, se trouve en *d* un palonnier double P où deux chevaux peuvent s'atteler, un seul cheval étant fixé du côté *c* ; deux autres tringles *e c* et *e d* maintiennent l'écartement. En avant de T se trouve la barre de reculement fixée par un anneau *u* ; cette barre est composée de deux parties G et *g* ; elle est équilibrée comme le système de palonnier du timon.

2° **Appareil de coupe.** — Il ressemble à celui des moissonneuses javeleuses, mais il est placé du côté opposé. Dans les premières lieuses, on transmettait le mouvement de va-et-vient à la scie par des balanciers ; aujourd'hui on se sert de plateaux manivelles. La barre de coupe B (fig. 45), comme celles précédemment décrites, est formée par une pièce en fonte ou en acier munie de doigts *d*, entre lesquels circule une lame por-

Fig. 45

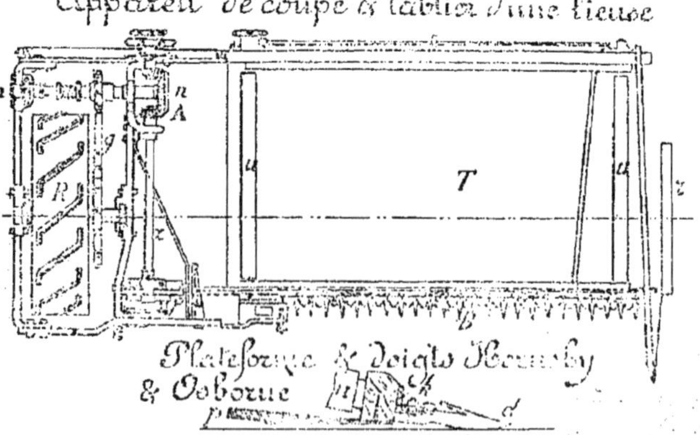

tant des sections. Il est très important, surtout en France où la paille se vend bien, de pouvoir couper les céréales aussi près de terre que possible. Pour arriver à ce résultat, les maisons Hornsby et Osborn ont adopté une disposition ingénieuse ; la plate-forme *p* est terminée en biseau et c'est sur une mince plaque d'acier qu'est fixée la pièce de bois qui supporte les doigts *d*, par l'intermédiaire du fer cornière *k* ; on peut aussi rapprocher beaucoup les doigts du sol sans que la plate-forme y touche.

De chaque côté de la scie se trouvent des séparateurs (fig. 45) pour limiter son action à une certaine tranche de céréales ; le séparateur placé du côté de la roue *r* présente une surface inclinée en forme de soc de charrue, et sert de garde à cette roue.

Dans la plupart des moissonneuses à 3 toiles, le mouvement est transmis à la scie de la manière suivante : Un engrenage droit A (fig. 40 et 42) calé sur le moyeu de la grande roue R, engrène avec le pignon a ; sur l'arbre de a et à l'autre extrémité est claveté un engrenage conique B, actionnant *b*, sur l'arbre duquel est fixée la manivelle ou le plateau-manivelle agissant sur la bielle.

Dans les types plus récents Samuelson et Wood (à tablier élévateur) par exemple, on remplace les engrenages, trop faciles à briser dans les chocs, par des roues à chaine de Galle. La disposition de la lieuse Samuelson représentée (fig. 41) sur l'arbre de la roue R est calée la roue à dents A, actionnant par une chaine de

Galle G le pignon a ; a est solidaire d'un arbre x, portant à son extrémité opposée un engrenage conique B, agissant sur le pignon b, fixé sur l'arbre y, portant le plateau-manivelle p de la bielle.

3° *Rabatteurs.* — Comme dans les moissonneuses ordinaires, il faut aux lieuses un appareil spécial, placé au-dessus de la barre coupeuse, pour abattre les tiges et les forcer à passer entre les doigts et les sections. Cet appareil est très simple et ressemble à celui employé dans la première moissonneuse de Bell. Il est formé par 4 ou 6 bras légers, armés de palettes qui tournent autour d'un axe O O' (fig. 46) ; mais il faut que cet axe puisse s'abaisser ou s'élever pour rapprocher ou éloigner B de

Fig. 46

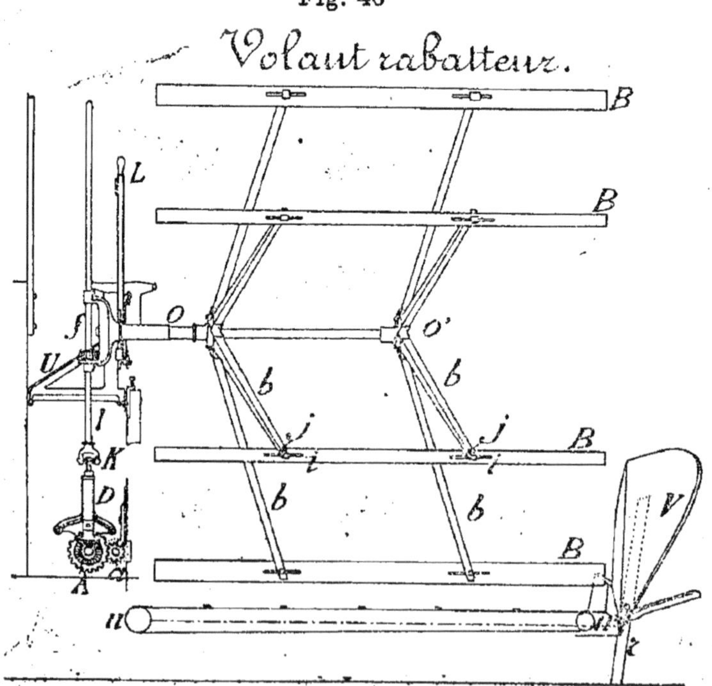

la scie, et aussi qu'il puisse s'avancer ou se reculer. Ce mouvement est obtenu dans la lieuse Wood de la manière suivante : L'arbre O O', qui porte les bras rabatteurs B, est terminé par une fourche à deux branches *f* qui embrasse la tige I. Cette tige I est reliée par un joint de cardan K à la douille D, recevant son mouvement de rotation d'engrenages d'angle ; I transmet le mouvement à O O' par les roues coniques A a. Cet arbre O O' peut au moyen du levier L être abaissé ou incliné par la pièce de fonte à charnière U. Dans ces différentes positions O O' glisse avec ses engrenages sur la tige I, sans cesser de recevoir le mouvement de D. Par une combinaison de goupilles, entraînant les engrenages de commande fous sur leurs axes, le conducteur peut, soit arrêter le mouvement des rabatteurs, soit modifier leur vitesse de rotation. Les bras B peuvent être déplacés horizontalement sur les bras *b*, par le serrage de boulons *j*, dans différentes positions de la rainure *i*.

Le système adopté par la maison Samuelson pour actionner les rabatteurs est encore plus simple. Les mouvements sont obtenus (fig. 47) par une branche M en fonte évidée, fixée à charnières en *m n* sur le bâti. Un engrenage conique *c*, calé sur un arbre actionné par la roue porteuse au moyen de la chaîne de galle *g*, engrène avec *c'* monté sur un arbre *e d*, portant un joint de cardan K ; à l'autre extrémté de *e d*, un pignon conique *f* agit sur une roue F. Deux leviers à la main du conducteur permettent, sans que le mouvement cesse de se transmettre, d'incliner plus ou moins le volant rabatteur, et de le reporter en avant ou en arrière autour des articulations $m\,n, o\,q$.

4° *Le Tablier.* — Le Tablier est la partie qui reçoit les gerbes coupées par la scie; il doit avoir un mouvement de translation pour se débarrasser des tiges et les amener à l'appareil lieur. Il est toujours formé d'une toile sans fin, montée sur deux rouleaux u (fig. 47 et 48) qui reçoivent leur mouvement de rotation de la roue porteuse; sur cette toile sont disposées des petites lames de bois i, qui facilitent l'entraînement des tiges. La plupart des premières lieuses, faites pour des récoltes courtes, manquaient de profondeur, de telle sorte que les tiges de céréales longues, se trouvaient froissées, surtout du côté des épis. Il est indispensable de régler la profondeur des tabliers sur la longueur des tiges des céréales de la contrée où doit fonctionner la lieuse, quitte à diminuer un peu la largueur de coupe pour ne pas rendre la machine trop lourde. Les toiles du tablier doivent être de qualité supérieure, et les courroies solidement rivées dessus, les lattes faites en bois bien sec et de texture homogène. Lorsque la machine commence à travailler le matin à la rosée, les toiles sont mouillées et se resserrent, ce qui cause une forte tension aux rouleaux du tablier, augmente la traction, et peut amener des ruptures. Pour éviter ces inconvénients, M. Mac-Cormick a placé l'un des rouleaux sur un cadre à ressorts, que l'on peut régler de manière à maintenir toujours la toile à la même tension.

Fig. 47
Moissonneuse lieuse Samuelson.
Rabatteur et toiles élévatrices.

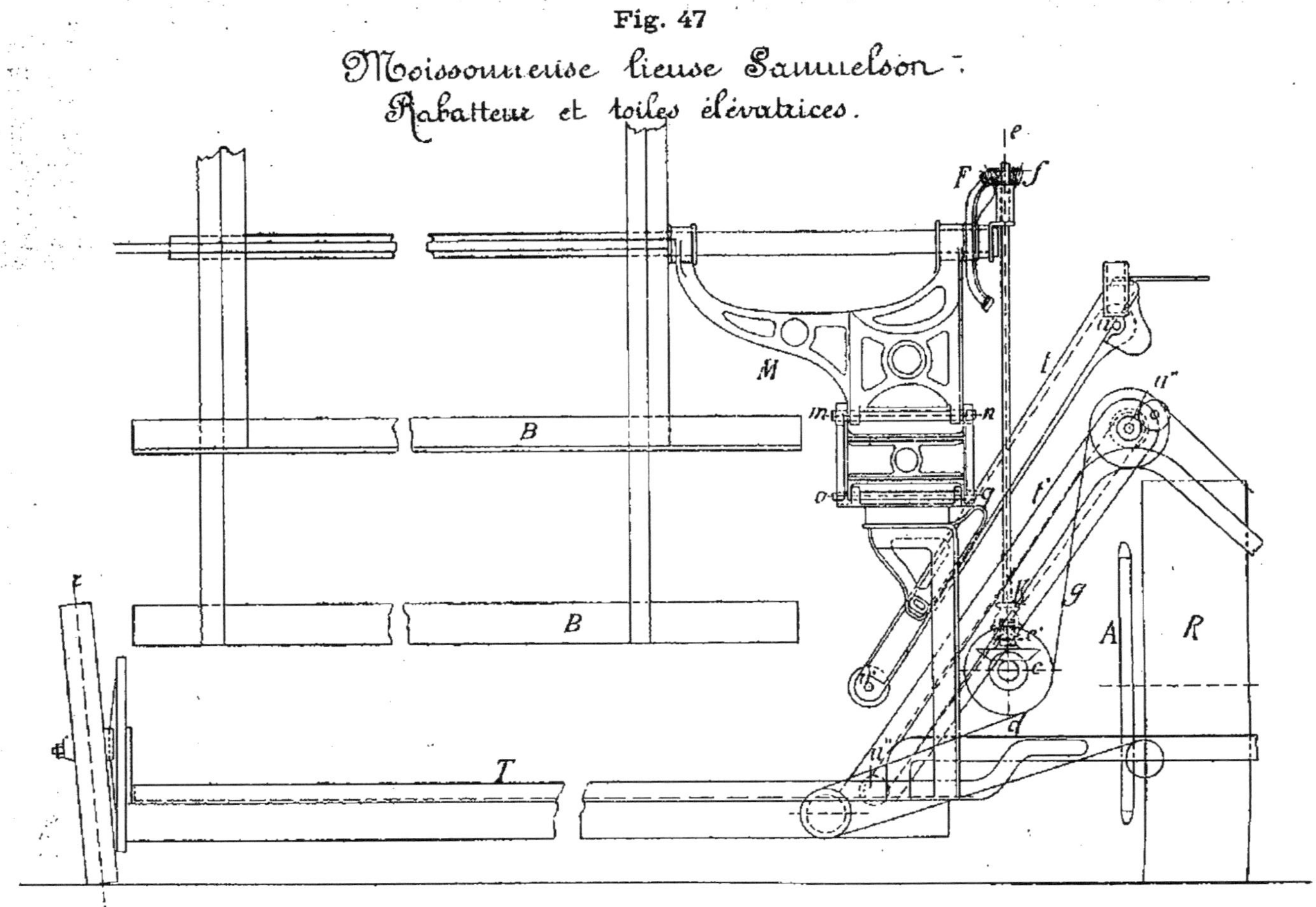

5° **Elevateur.** — L'appareil élévateur varie avec les types de machines, il disparaît même dans les dernières lieuses Adriance et Mc Cormick. On emploie deux sortes d'élévateurs, a — élévateur à 2 toiles, *b* — élévateur continu qui n'est qu'un prolongement du tablier.

a. — Cet élévateur se compose de deux toiles sans fin parallèles portant comme le tablier des lames transversales de bois. La figure 48 indique comment se fait l'élévation des tiges ; elles sont amenées, par le mouvement de translation du tablier, à s'engager sur la toile sans fin inférieure *t'* entraînée par le rouleau *u'* ; une toile supérieure *t''*, animée aussi d'un mouvement de translation ascensionnel communiqué par les rouleaux *u''*, lamine et entraîne les tiges en les régularisant et les fait tomber sur la table du lieur P. L'angle des toiles *t'* et *t''* avec le plan horizontal est d'environ 45°. Le mouvement est transmis aux rouleaux supérieurs *u' u''* par les roues coniques *a b c*, entraînées au moyen de la chaîne de galle G, qui donne aussi le mouvement aux roues *d f* et *e* commandant, la première la lame de scie, la seconde les rabatteurs, la troisième l'appareil lieur ; un galet *x*, dont l'axe peut se déplacer sur la rainure *z*, dans laquelle il est fixé par le boulon *y*, permet de tendre plus ou moins G.

Dans les premières machines, les deux toiles sans fin élévatrices *t'* et *t''* avaient des largeurs correspondantes à celle du tablier, et étaient limitées par des montants latéraux qui guidaient, du côté du pied et du côté des épis, les tiges montantes ; c'étaient les lieuses dites

Fig. 48

Élévateur ouvert d'une moissonneuse lieuse à 3 toiles.

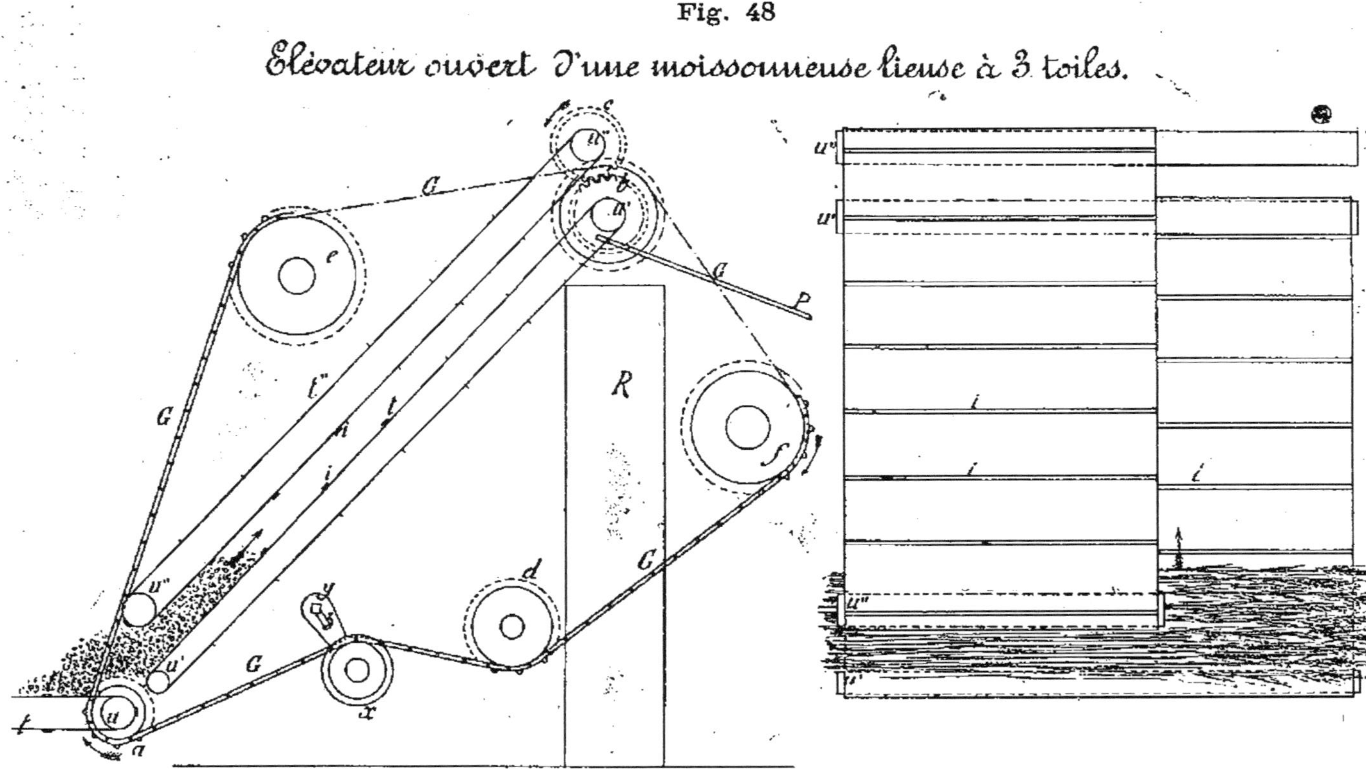

à *élévateurs fermés*. Ce système avait de graves inconvénients dans les fortes récoltes, dont les tiges étant plus longues que la largeur des toiles, se trouvaient cassées et repliées, brisant ainsi la paille et emmêlant les tiges de la gerbe, qui se liait mal.

Les dernières machines dites à *élévateurs ouverts* (fig. 48) sont disposées autrement. Les constructeurs ont supprimé les montants latéraux et réduit la largeur de la toile supérieure *t*'', qui quoique rétrécie remplit aussi bien son office de directrice. Les tiges peuvent dépasser les toiles, et quelle que soit leur longueur s'élever sans se briser et se froisser.

Nouvelle machine Wood à trois toiles. — Un des inconvénients des machines à trois toiles, au point de vue de l'effort de traction, vient de ce qu'elles élèvent toute la récolte à une hauteur de 1^{m} 20 environ pour passer au-dessus de la roue porteuse ; aussi beaucoup de constructeurs ont-ils cherché les moyens de supprimer ce travail considérable d'élévation des tiges, en liant les gerbes au sortir de l'appareil coupeur. En 1889 M. Samuel Johnston avait présenté une machine sans élévateur, qui fonctionnait bien dans les récoltes faibles et sèches, mais ce système s'engorgeait dès qu'il recevait de longues tiges mêlées ou un peu humides.

Des constructeurs américains ont réussi à supprimer l'élévation de la récolte dans des machines d'un type spécial et très différent, que je décrirai plus loin. M. Wood a introduit en France une lieuse, qui a fonctionné pour

Fig. 49

Moissonneuse lieuse Wood (Dernier modèle)

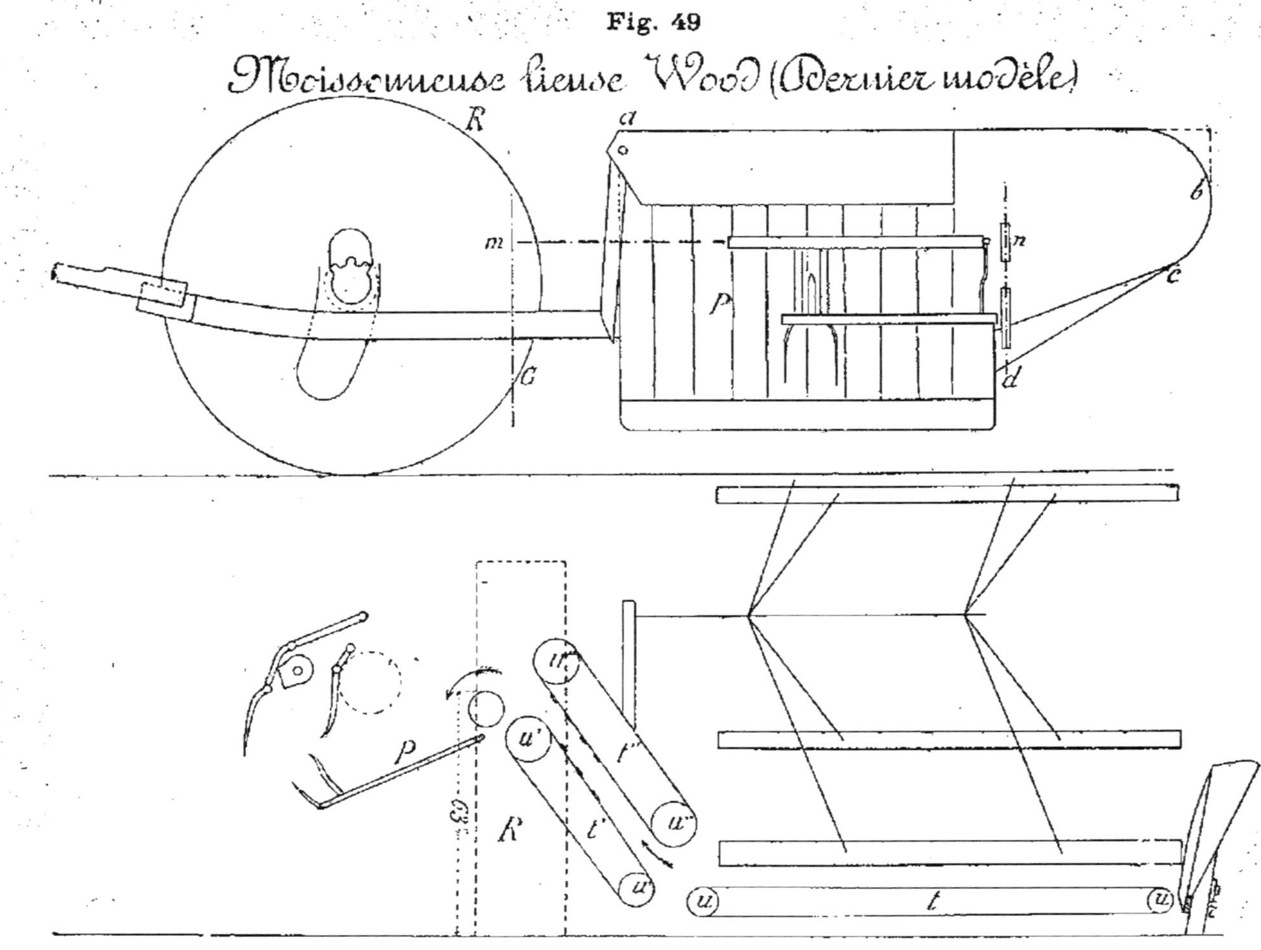

la première fois en 1894, dans laquelle il a cherché à abaisser beaucoup la hauteur d'élévation des tiges amenées à l'appareil lieur, tout en conservant les toiles qui ont l'avantage de séparer, par un espace assez grand, l'appareil de coupe, du lieur. Pour arriver à ce résultat, il a rejeté tout le mécanisme de la machine, en arrière de la roue porteuse R. Le schéma de cette machine est représenté (fig 49). Les tiges, coupées par la lame de scie, sont comme dans les machines précédentes jetées sur le tablier *t*, puis élevées entre *t'* et *t''* et amenées sur la table du lieur P, en passant sur un dernier rouleau placé au-dessus de *u'* qui facilite beaucoup le dégagement des toiles. Par ce système la hauteur d'élévation des tiges est extrêmement réduite et ne dépasse pas 0^m 63. Une chaîne de galle transmet aux différents organes le mouvement venant, par une série d'engrenages, de la roue porteuse. Comme dans ces lieuses l'appareil de coupe les élevateurs et le lieur sont fort en arrière de la grande roue, le conducteur éprouve plus de difficultés à les faire tourner ou reculer. Pour faciliter ce travail M. Wood a disposé la petite roue de côté r sur un pivot comme celles de certaines moissonneuses ordinaires indiquées (fig. 31). L'appareil lieur est le même que dans les autres machines à trois toiles. Une tige de fer recourbée *a b c d*, dépassant les toiles, guide les tiges élevées; sa plus grande largeur *a b* est réglée pour les plus longues tiges de céréales.

6° **Elévateur continu.** — Les machines dites à une seule toile, ou à tablier continu, ou encore à tablier élévateur (fig. 50), portent une longue toile sans

Fig. 50

Moissonneuse lieuse à 1 toile.

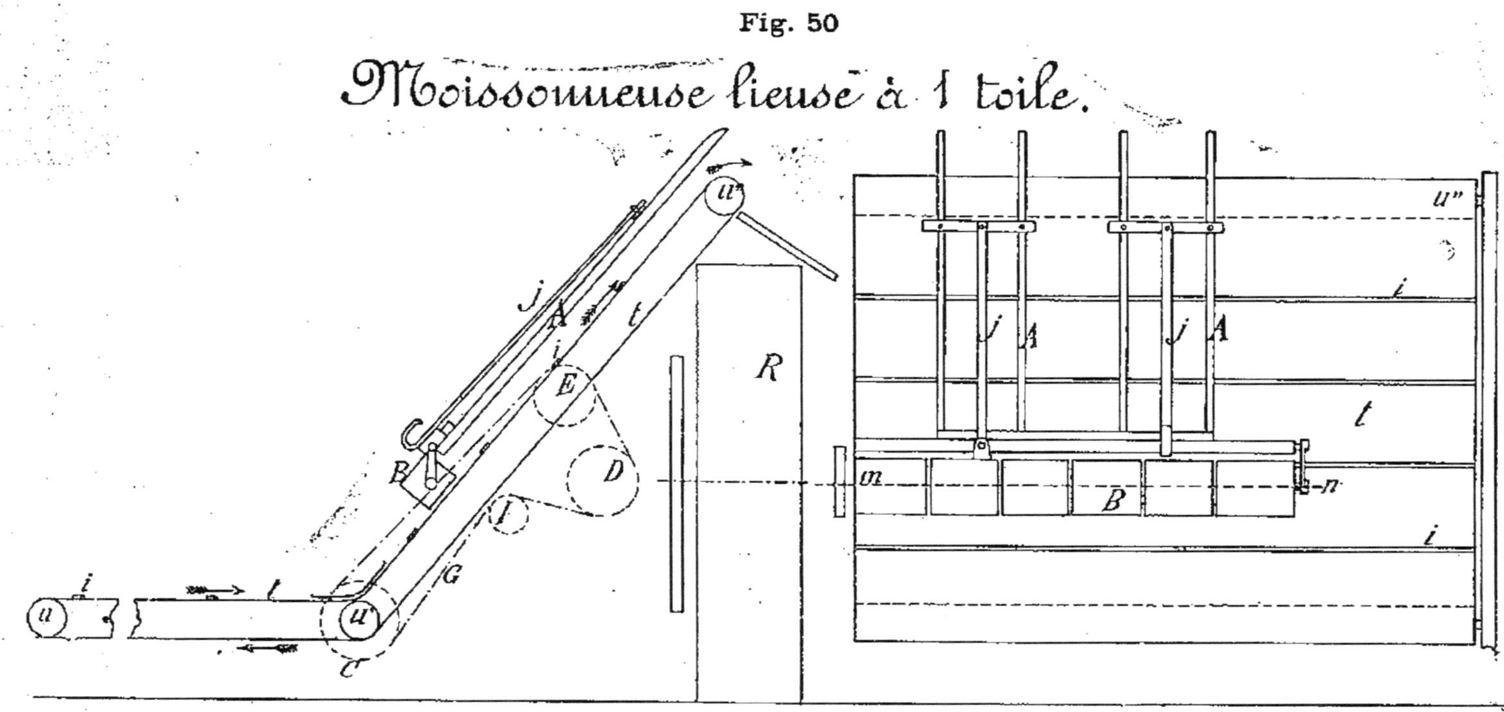

fin formant un élévateur continu ; cette toile est munie, comme celles des autres machines, de liteaux transversaux, roulant sur des petits tambours *u u' u''* et sur deux glissières en fer cornières placées au-dessus de *u'*, qui maintiennent la toile au moment où elle se relève à l'extrémité du tablier opposé à la petite roue *r*, pour amener les tiges sur la table P du lieur.

La seconde toile élévatrice est remplacée par un cadre A, muni des ressorts *j* appuyant sur l'axe *m n* d'une pièce à section carrée B, destinée à comprimer les gerbes qui s'élèvent entre la toile *t* et A. Les ressorts *j* doivent être entretenus en bon état, car, dès qu'ils se relâchent, B ne comprimant plus les tiges, la récolte ne s'élève plus assez vite, et il se produit un bourrage qui force à arrêter la lieuse. Le mouvement est transmis, des roues porteuses R au mécanisme, par un engrenage à chaine de galle, agissant par l'intermédiaire de roues cônes sur les engrenages C D E de transmission aux organes de la lieuse ; un galet I sert de tendeur à la chaîne de galle G.

L'emploi des toiles présente d'assez sérieux inconvénients, elles se détériorent et leur longueur se modifie par les alternatives de pluie et de soleil ; lorsqu'elles sont laissées longtemps sur la machine abandonnée sous un hangar, elles se pourrissent et sont vite hors de service. C'est pour réduire la dépense, causée par l'entretien des toiles, que l'on a créé les lieuses à tablier continu que je viens de décrire, et les constructeurs ont apporté un tel soin dans le choix de ces toiles, qu'elles se conservent encore longtemps ; elles sont d'ailleurs faciles à régler grâce au rouleau tendeur.

6° **Egaliseurs et botteleurs**. Losque les tiges ont été élevées au-dessus de la grande roue, elles sont envoyées sur un tablier incliné P, qui précède l'appareil lieur, mais elles arrivent pêle-mêle et formeraient des gerbes très inégales ; il faut repousser et égaliser les pieds de ces tiges pour les placer dans le même plan vertical, ce qui est toujours nécessaire, car le côté des épis étant plus lourd tend toujours à descendre plus que le pied de la gerbe. Le mécanisme qui effectue ce travail porte le nom d'*égaliseur*.

Dans la moissonneuse Wood l'égaliseur A qui reçoit son mouvement de la roue porteuse est formé par une planche (fig. 51), où sont fixées des cornières c qui péné-

Fig. 51

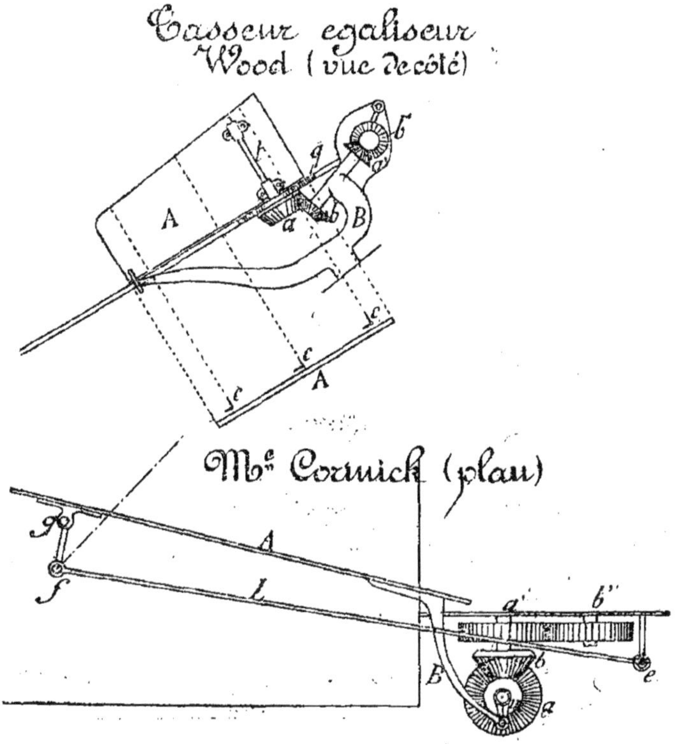

trent dans la masse des tiges. Cette planche est attachée d'un bout à une tringle *t*, qui sert de centre de mouvement, et de l'autre est reliée par un petit arbre en fer à un plateau manivelle *q* : l'axe de *q* porte un pignon d'angle *a*, engrenant avec *b*, claveté sur un arbre actionné par les roues *a' b'*, qui reçoivent elle-mêmes leur mouvement de l'axe de l'une des toiles sans fin de l'élévateur, de telle sorte que le côté le plus élevé de la joue de la planche A se meut suivant un cercle, tandis que l'autre côté a seulement un mouvement d'oscillation.

L'égaliseur Mc Cormick (fig. 51) possède un mouvement analogue, qu'il reçoit d'une manivelle *m* faisant corps avec son pignon de commande, et s'élevant de façon à permettre au bras B, commandant la planche A, de passer au-dessus des pignons verticaux. Le bras de manivelle *m*, imprime un mouvement de va-et-vient à la partie supérieure *g* de la planche A, qui oscille autour de l'axe *f*, dont la position est réglée par le levier L articulé en *e* et *f*; A est relié à L par une pièce *f g* oscillant autour de *f* : des engrenages *a b*, *a' b'* communiquent le mouvement à ces organes.

Les tiges arrivent des élévateurs assez espacées ; il faut les serrer un peu les unes contre les autres avant de les envoyer au lieur. Cette compression s'opère par des appareils dits *javeleurs*, *botteleurs* ou *compresseurs*. Le javeleur Wood O (fig. 52), tout entier au-dessus du tablier, est rotatif ; il est composé de roues agissant, doucement sans les secouer, sur les tiges pendant une distance d'environ 0m60, au moyen de trois dents articulées o'. Ces roues tournent librement, mais, afin qu'elles offrent la résistance nécessaire au moment de l'entraînement de la gerbe, un galet r est monté excentriquement sur l'axe de façon à les maintenir dans la position la plus favorable à leur action ; par un mécanisme spécial le javeleur cesse d'agir quand le liage de la gerbe s'effectue.

Fig. 52

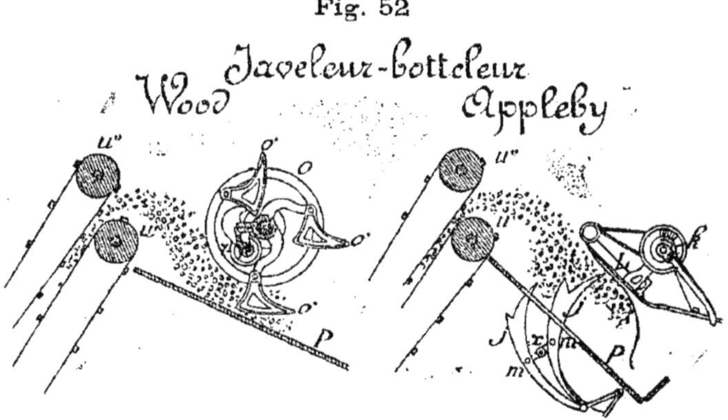

Le système javeleur Appleby (fig. 52), adopté dans beaucoup de lieuses, celle de M. Albaret en particulier, est en même temps tasseur de gerbes. Il est formé de branches j dont l'axe est au-dessous du tablier P ; ces branches passent à travers P par des rainures ménagées à cet effet ; des axes horizontaux x et des manivelles doubles m, donnent aux branches j un mouvement d'abaissement et de relèvement ; un bras L, mis en mouvement par un système d'engrenages en k situé au-dessus du tablier, appuie sur les tiges comprimées par j, et les réunit en gerbe au moment où l'aiguille du lieur va les prendre.

Moissonneuses sans élévateurs. — Les machines de ce type, qui ne portent ni élévateurs ni tasseurs égaliseurs semblables à ceux déjà décrits, se sont beaucoup répandues depuis quelques années. Elles offrent le grand avantage de réduire la surface des toiles dont j'ai signalé les inconvénients, et de n'élever la récolte à lier qu'à une faible hauteur au-dessus du sol, ce qui les rend plus faciles à entretenir et plus légères. La première machine de ce genre qui a paru en Europe, et qui se vend beaucoup maintenant, est la moissonneuse lieuse d'Adriance Platt. Son appareil de coupe diffère peu de celui des autres lieuses, et le tablier est, comme dans les autres machines, formé par une toile sans fin qui amène les tiges à l'appareil lieur. La fig. 53, montre le système lieur dans 3 positions. La position (1) fait voir les tiges venant du tablier au début de l'opération. Ces tiges sont poussées par un cylindre accumulateur C, et serrées, dans une espèce de conduit F, sur des bras A qui reçoivent la récolte à lier et l'éloignent de F. Lorsqu'il y a en A une quantité suffisante de tiges pour former une gerbe, son poids fait embrayer l'appareil lieur, dont le support se déplace afin d'éloigner la gerbe à lier, des tiges qui vont s'accumuler pour en former une autre, et la pousse vers une partie en forme de cuvette D (position 2). L'aiguille du lieur B entoure alors la gerbe avec la ficelle ; une pièce E placée au-dessus la comprime constamment, et le liage s'opère par un système qui sera décrit plus loin. Le nœud se fait pendant qu'une autre gerbe s'accumule sur les bras A.

Fig. 53

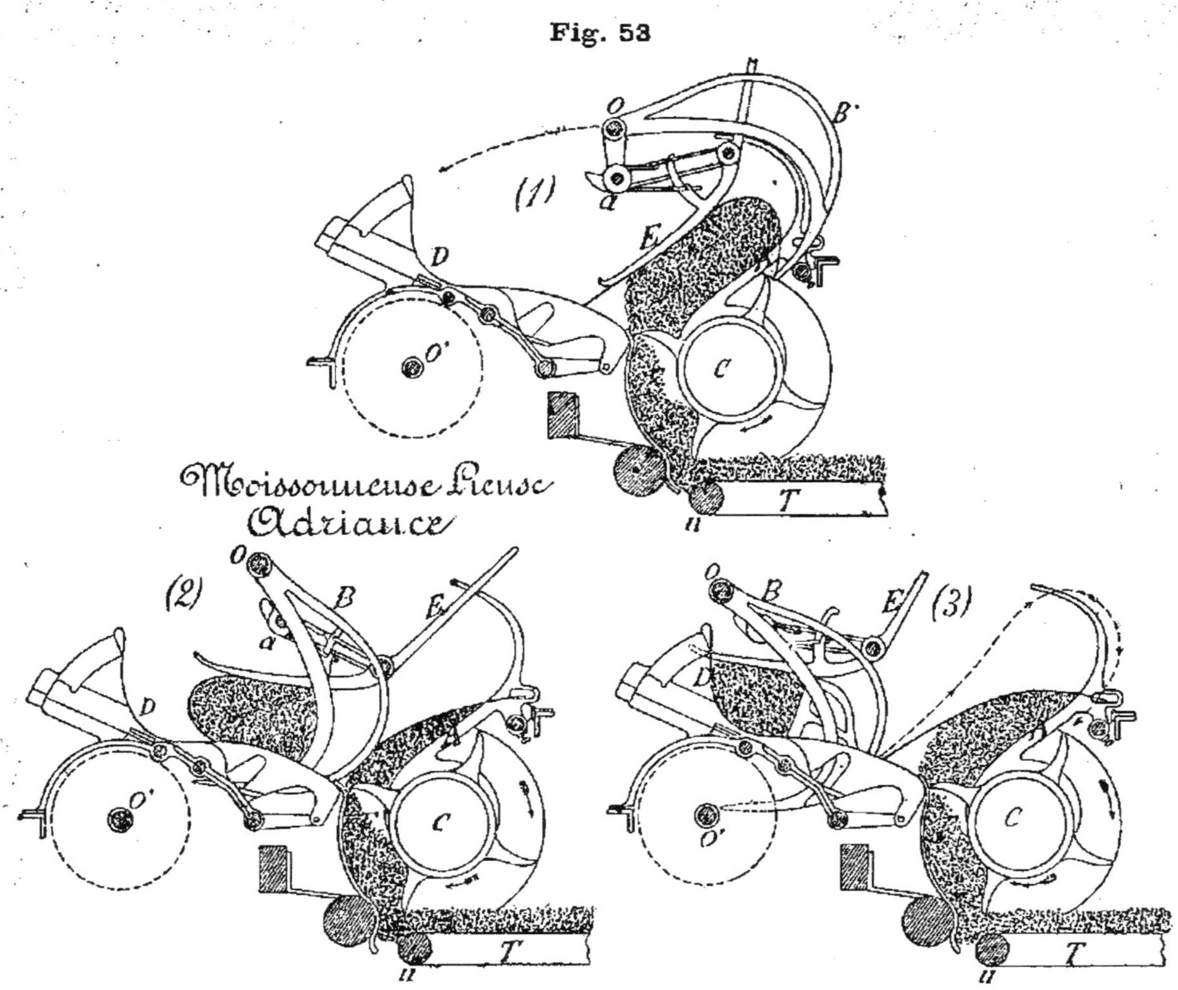

Moissonneuse-Lieuse Adriance

Un inconvénient pourrait se produire dans les blés forts si l'aiguille avait à faire son passage à travers un un amas de tiges courbes ; on l'évite en modifiant la courbure de deux des dents de l'accumulateur, marquée d'une étoile (fig. 55), pour permettre de laisser un passage libre à l'aiguille au moment où elle se dirige vers le lieur.

Quand le liage de la gerbe est terminé, une fourche spéciale placée auprès de D du côté opposé aux épis, prend la gerbe et la fait pivoter pour la rejeter hors de

Fig. 54

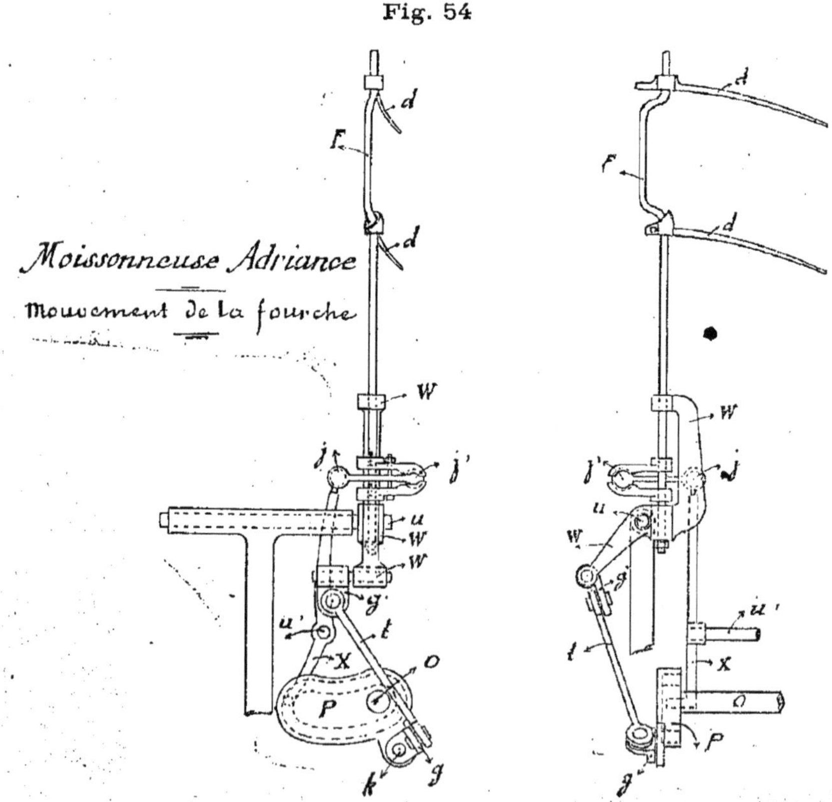

la machine, sur la piste dégagée par l'appareil de coupe. Dans les premières lieuses de ce type, la gerbe était projetée de côté par dessus la roue, et risquait de s'y engager ; aujourd'hui elle est rejetée derrière la machine par un mécanisme fort ingénieux indiqué (fig. 54); il part de l'arbre O, qui reçoit son mouvement de la roue motrice par l'intermédiaire d'engrenages. Sur cet arbre est calé une espèce de plateau came P, portant en avant un bouton manivelle *k*, communiquant au levier coudé W un mouvement alternatif de bascule autour de l'axe *u*, fixé au bâti de la machine ; ce mouvement est transmis à l'aide de la bielle *t* et des deux articulations *g g'*. En arrière se trouve une came à rainure logée dans l'intérieur de P, et communiquant au levier X, pivotant autour de l'axe *u'*, fixé comme *u* au bâti de la machine, un mouvement alternatif qui se transmet à l'aide des articulations à genouillères *j* et *j'*, au bras F portant deux doigts *d d'* qui, après s'être effacés devant la gerbe, viennent, par la rotation de F se placer dessous, et par la bascule de W rejeter cette gerbe sur le sol.

La transmission du mouvement se fait de la roue motrice aux organes par une chaîne de galle G (fig. 55) commandant les roues D E F, très ramassées et près du sol, ce qui augmente la fixité des arbres qu'elles commandent, bien moins exposés à se fausser que dans les autres lieuses ; un galet K, dont l'axe se déplace, permet de régler la tension de G.

Les lieuses sans élévateurs sont celles qui exigent le moindre effort de traction, puisque les gerbes au lieu d'être élevées à environ 1m 20 du sol, pour passer par dessus la roue motrice, viennent se former et se lier à 0m 38 seulement ; aussi ces machines peuvent-elles être facilement conduites par deux chevaux. Celles construites par les maisons Adriance Platt et Mc Cormick font un excellent travail dans les récoltes droites ; mais elles ont l'inconvénient de lier la gerbe trop près de l'endroit où s'entassent les tiges, ce qui peut dans les blés versés emmêler la gerbe à lier avec celle qui est expulsée par la fourche après le liage ; toutefois avec les derniers types perfectionnés de la maison Adriance Platt, ces accidents sont bien rares, et n'arrivent que dans des récoltes où d'autres lieuses auraient aussi de la peine à fonctionner.

Fig. 55

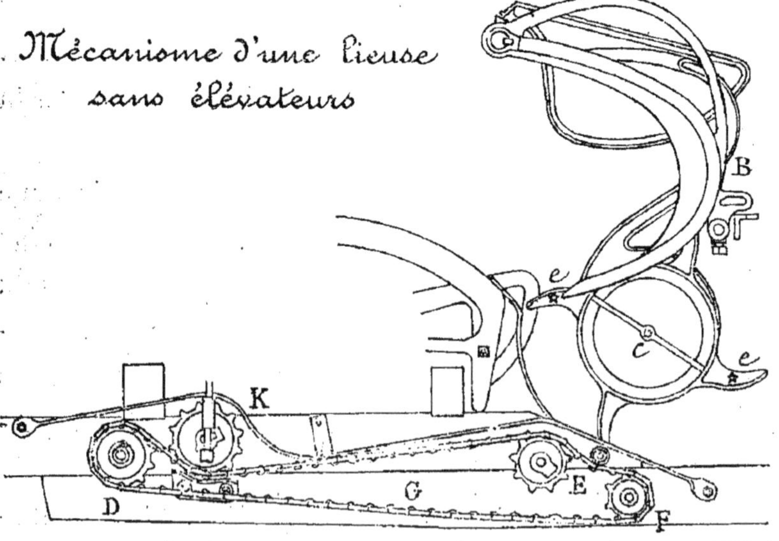

7° **Appareil lieur.** — Au début, les moissonneuses lieuses, dont la première due à M. Wood parut en 1873 à l'Exposition universelle de Vienne, et fut signalée à cette époque comme machine d'avenir par M. Tisserand, effectuaient le lien avec du fil de fer; mais on reconnut bientôt les inconvénients de cette matière, assez lourde peu maniable, et laissant souvent dans la paille, après le déliage des bottes pour le battage, des petits morceaux pointus qui déchiraient la bouche des animaux et pouvaient perforer leur estomac. On a alors employé la ficelle, qui jusqu'à présent est la seule matière pratique pouvant servir au liage des gerbes. M. Wood a bien construit, et présenté à l'Exposition universelle de 1889, une machine liant les gerbes avec une espèce de corde continue, formée par des tiges de paille de seigle préalablement coupées à une longueur uniforme, contenues dans une boîte en tôle placée sur le côté de la machine ; un certain nombre de brins de cette paille étaient pris par un mécanisme spécial et tordus pour former un lien continu, qui était ensuite pris par l'aiguille entourant la gerbe et noué par un appareil très ingénieux ; mais ce système ne constitue pas un véritable liage avec la paille courante, et jusqu'à présent ce lieur est resté à l'état de démonstration théorique.

La ficelle destinée au liage est réunie en pelote renfermée dans une boîte en tôle (fig. 56). Cette pelote P doit se dévider au fur et à mesure du liage, de manière que la ficelle reste toujours tendue ; pour obtenir ce résultat, un premier tendeur *o p* est fixé au couvercle de la boîte B, mais ce tendeur à pression constante ne suffit pas, il en faut un second à pression variable. Celui de la Wood est formé par un ressort K, qui serre la ficelle *f* contre une pièce G ; le ressort K peut être plus ou moins tendu par l'écrou-manivelle *m* serrant la vis *b*. Un tendeur plus puissant est celui adopté par la maison Adriance Platt dans sa lieuse sans élévateurs. La ficelle *f* (fig. 56), venant de la pelote, passe par les anneaux *a* et *b*, puis est saisie et pincée par la griffe *g* portant un anneau *c*. Lorsque l'aiguille du lieur tire la ficelle *f* pour entourer la gerbe, cette ficelle abaisse par sa tension le bras B, ramené ensuite en arrière par le ressort *r*. La tension cesse lorsque l'aiguille a fini d'agir, ce qui permet le relèvement du bras B, et l'action de la griffe *g* sur *f* est modifiée ou annulée suivant la pression de la patte *p*, formant levier de cette griffe sur la pièce horizontale D.

En sortant des tendeurs, la ficelle est entraînée vers l'appareil lieur proprement dit, qui se compose de deux

Fig. 56

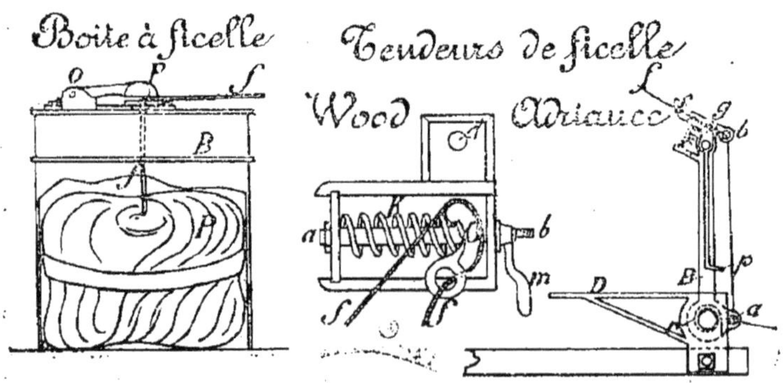

parties : a — l'aiguille qui amène la ficelle autour de la gerbe à lier, *b* — l'appareil noueur.

a — *L'aiguille* A, formée dans la moissonneuse lieuse Wood (fig. 60) par un fer en ‾|__|‾, présente une rainure assez grande pour loger la ficelle *f*, que l'on passe dans une ouverture pratiquée à sa partie supérieure, comme dans une aiguille à coudre. Cette ficelle va ensuite se fixer dans une pièce dite *reteneur*, dont la disposition varie avec les constructeurs. Cette aiguille A est de forme circulaire et exécute, en travail, environ un quart de révolution. Dans ce mouvement circulaire, elle comprime la gerbe en avant, et retient en arrière les tiges, qui doivent former la gerbe suivante, tiges qui sont, comme je l'ai dit, accumulées par le javeleur botteleur *o'* (fig. 52) sur la table T du lieur. La maison Wood a adopté dans sa lieuse une disposition, qui facilite le travail de l'aiguille ; le javeleur botteleur cesse de fonctionner au moment précis où l'appareil lieur se met en marche, afin d'éviter le mélange des tiges accumulées avec celles qui sont prises par le bras de A pour être liées. L'aiguille A s'avance alors en comprimant la gerbe G (fig. 57) entre le bras D de cette aiguille tournant autour de l'axe *o*, et la pièce K ; A ne commence son mouvement d'enlacement des tiges avec la ficelle qu'au moment où l'amoncellement de ces tiges est assez gros pour former une gerbe ; ce mouvement lui est communiqué par des engrenages, qui ne marchent que par l'action d'un embrayage spécial ; cet embrayage se produit par le mouvement de bascule de la pièce M (fig. 58), obtenu lorsque le poids des gerbes est suffisant.

La table du lieur peut se déplacer perpendiculairement à l'aiguille A, pour permettre d'approcher ou d'éloigner le pied de la gerbe du lieur, et faire le lien dans la position la plus favorable, position qui varie avec la longueur des tiges.

b — **Appareil noueur.** L'appareil noueur proprement dit varie avec les types de machines. Je décrirai les quatre systèmes les plus employés 1° le *noueur Wood*, 2° le *noueur Appleby*, qui font tous les deux la double boucle, 3° le *noueur Séverance* qui fait la boucle simple, 4° le *noueur Johnston Mac Cormick* qui fait le nœud double sans boucle.

L'appareil noueur, quel que soit le nœud qu'il fasse, se compose de deux parties : le noueur proprement dit formé d'une pièce spéciale, appelée *navette* ou *becquet* suivant les systèmes, et la *pince-cisaille* ou couteau, qui coupe les deux brins de la ficelle le plus près possible de la gerbe liée. J'indiquerai comment sont disposées ces deux parties dans la description ci-dessous des quatre types de noueurs.

1° **Noueur Wood.** Ce noueur est représenté (fig. 59 et 60). La gerbe est enroulée par la ficelle dont un bout *a* glisse dans la rainure de l'aiguille A et est tendu par les ressorts indiqués précédemment, et l'autre *a'* est retenu par la pince *y* (position 1). Aussitôt après la navette W, sorte de crochet en forme de colimaçon, composé de deux parties concentriques l'une fixe, l autre mobile, tourne dans un plan horizontal à la hauteur de

Fig. 57

Moissonneuse lieuse Samuelson.

Aiguille et mécanisme lieur.

Fig. 58

Bascule d'embrayage.

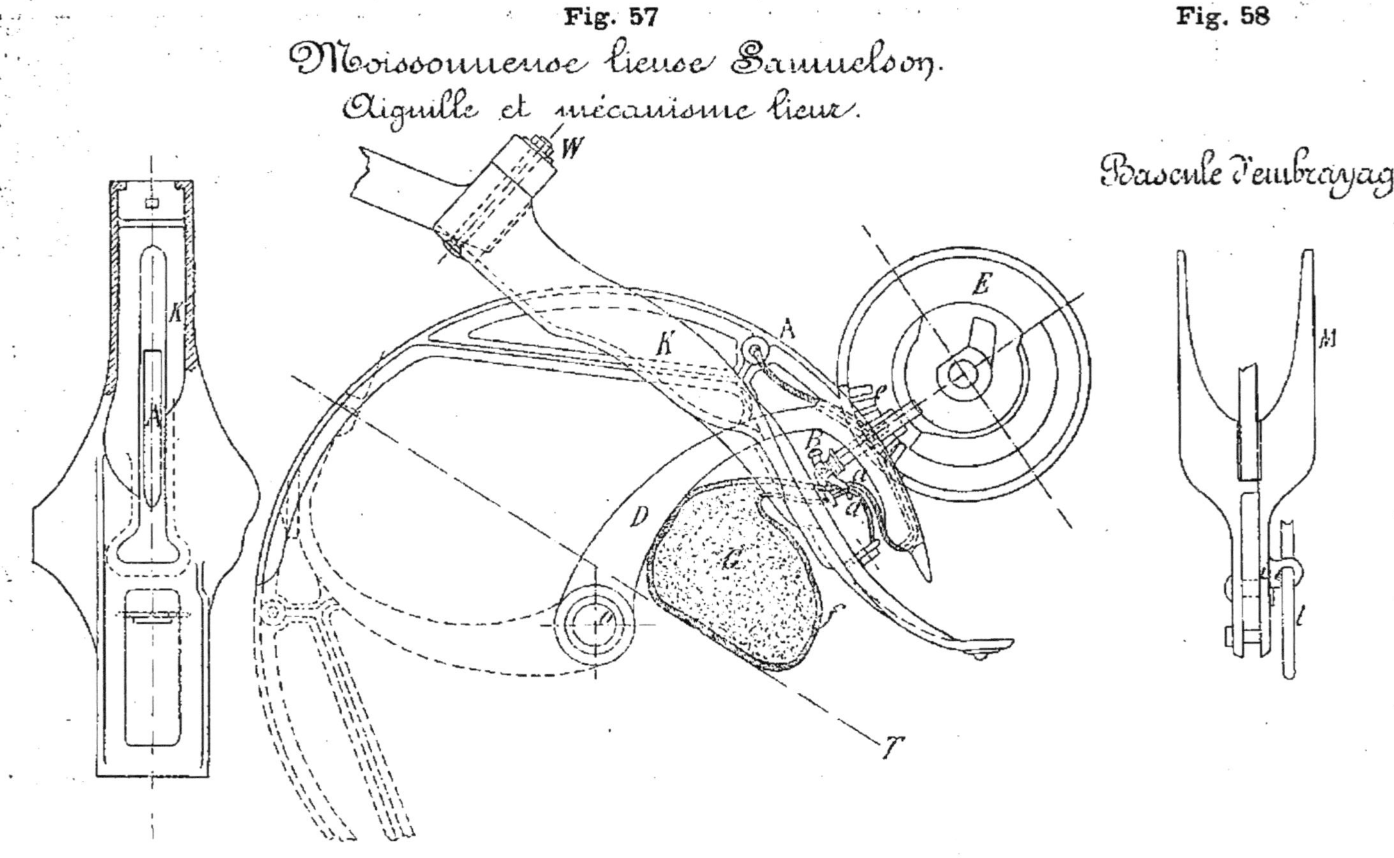

la réunion des deux bouts de la ficelle ; ce mouvement rapproche *a* et *a'* et les fait ensuite passer autour du bec de W (position 2). Alors la partie mobile de la navette W qui continue seule à tourner, comprime le ressort *r* (fig. 60). Il reste ainsi, entre la partie fixe et la partie mobile, un espace, où se logent les deux bouts de la ficelle (position 2 et 3). Ceci fait, W tourne en sens inverse en tenant la ficelle entre les mâchoires formées par la réunion de la partie mobile à la partie fixe (fig. 60). En se retirant, W entraîne, à travers la boucle formée par sa partie extérieure, les deux bouts de ficelle retenus par les mâchoires, et le nœud commence à se faire (position 4). Les bouts de la ficelle, dépassant les mâchoires de W, sont alors pris entre la partie fixe *y'* de la pince-cisaille et la partie mobile *y*, rapprochée de *y'* par un mouvement spécial qui les tranche. Cette pince-cisaille est formée de deux pièces glissant l'une sur l'autre ; la pièce supérieure *y*, terminée par un crochet, reçoit un mouvement d'arrière en avant pour saisir la ficelle, puis un mouvement en arrière qui lui permet de la serrer fortement entre la pièce inférieure *y'*, animée d'un mouvement circulaire autour de son extrémité, montée sur un pivot fixé au bâti. Ce mouvement lui est donné par l'excentrique K (fig. 60), qui agit sur un levier *l* à deux branches articulées, l'une, celle supérieure, engagée dans la rainure de l'excentrique, et l'autre, celle inférieure, dans une encoche ménagée sur l'enveloppe de la pince, de sorte que le levier *l* communique à cette pince un mouvement alternatif. Quand a et a' ont été

Fig. 59

Appareil noueur de la moissonneuse lieuse Wood.
Positions du noueur.

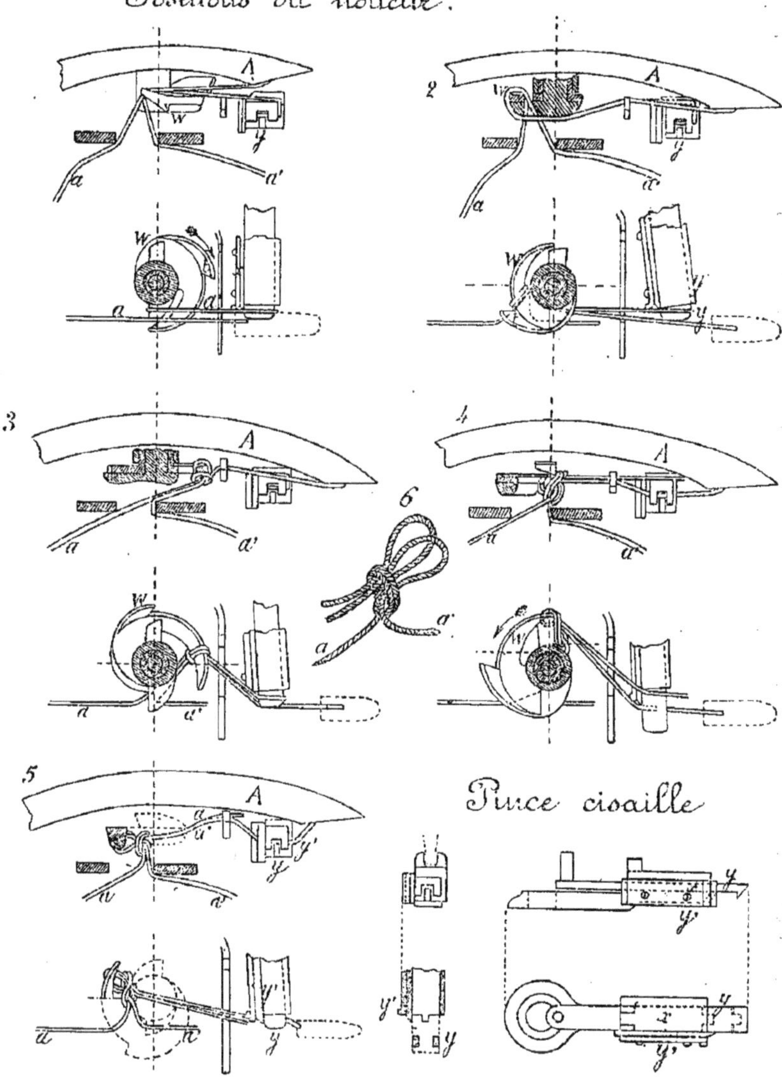

tranchés par la cisaille x, le liage est terminé et la gerbe est dégagée du lieur par les bras éjecteurs E (fig. 60), tandis que le nœud est momentanément retenu par la résistance à s'ouvrir des mâchoires de W, qui serrent les deux bouts a et a'. Cette résistance est due à la tension du ressort r qu'on peut régler à volonté.

En résumé dans la première position W saisit a et a' par sa pointe recourbée ; dans la deuxième a et a' entourent W qui a tourné, dans la troisième W recule et la ficelle, entourée sur W, tend à sortir tandis que a et a' réunis sont retenus dans les mâchoires, dans la quatrième le nœud fait (double boucle) sort de W, dans la cinquième position a et a' sont coupés par la pince-cisaille X; la position 6 montre la disposition de ce nœud.

Les mouvements intermittents, nécessités par le fonctionnement de la navette, sont obtenus sur le petit arbre vertical u par un pignon conique d, qui engrène avec un secteur D (fig. 60) pouvant tourner sur un axe fixe,

Fig. 60

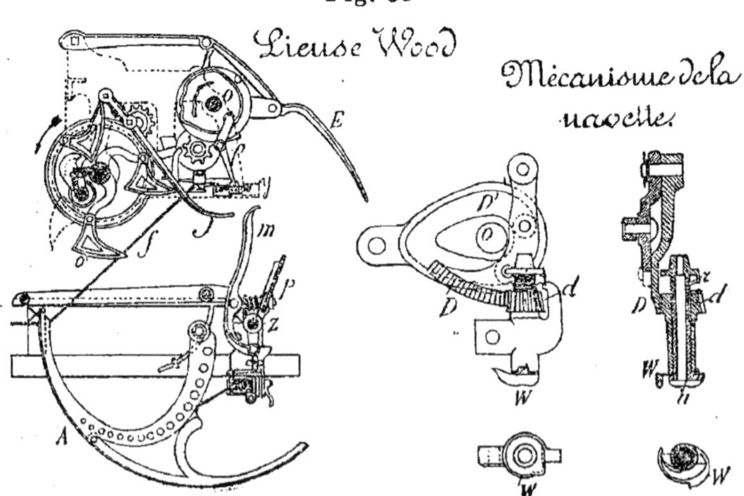

sous l'action d'un galet engagé dans la rainure d'une came D' montée sur l'arbre O. La forme donnée à cette came permet d'imprimer à la navette les mouvements circulaires, d'avance ou de recul, nécessaires à son fonctionnement.

Le levier *j* (fig. 60) commande le déclanchement qui met en marche l'appareil lieur, dès que la gerbe a acquis le volume convenable. Ce levier est mobile autour d'un pivot, de sorte qu'il est facile d'en modifier la direction pour agrandir ou rétrécir l'espace où se trouvent contenues les tiges et par conséquent modifier à volonté la grosseur des gerbes liées. Une planche *p*, mobile autour de l'arbre *z*, maintient la gerbe au moment du liage; en avant de *p* se trouve une branche articulée à ressort *m*, qui cède plus ou moins suivant la grosseur de la gerbe; quand cette grosseur est atteinte, la pression exercée sur *j* amène le déclanchement du javeleur, et en même temps met en mouvement l'appareil lieur. Ces systèmes de lieur ingénieux sont très doux, grâce à la longueur de leur bras et aux ressorts; leur emploi a supprimé les mouvements brusques de rejet de la gerbe des premières lieuses.

2° **Noueur Appleby**. Ce noueur exécute une double boucle, comme le précédent, mais par des moyens différents. Le noueur B proprement dit est un becquet représenté (fig. 61). Il est formé de deux branches semblables à celles d'une paire de ciseaux; ces branches fermées, dans la première révolution effectuant la torsion de la ficelle, s'ouvrent par l'action de l'hélice *p* (fig. 62) sur la tête de B, pour pincer cette ficelle et la retenir dans la seconde position du mouvement, pendant que B tourne dans le sens opposé pour former la boucle, ainsi que l'indiquent les six positions de la fig. 61.

Fig. 61

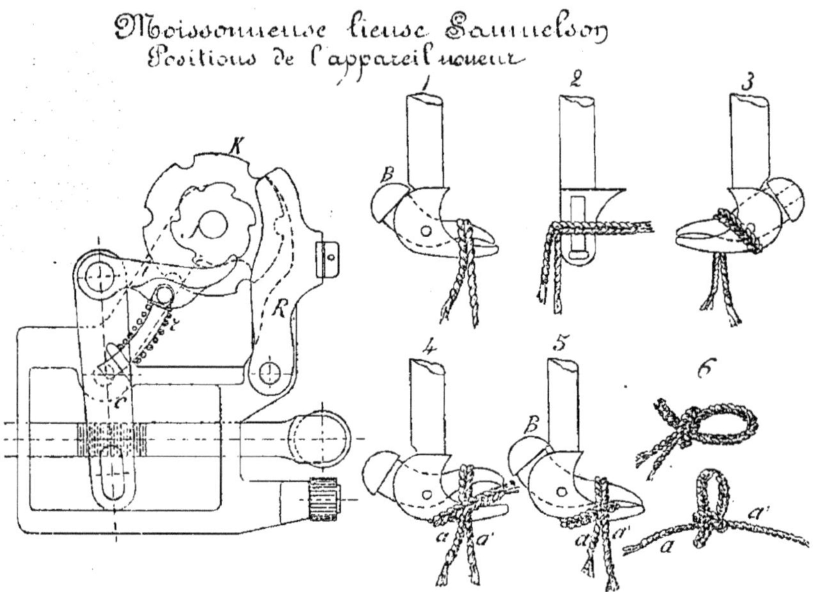

Lorsque l'aiguille tenant la ficelle a placé celle-ci dans un des crans du disque étoilé K (fig. 62), les trois dents *f*, mettent en mouvement le pignon cône a muni de huit dents ; ce pignon *a* et la vis sans fin *u* opèrent alors une demi-révolution, et font avancer la petite roue *n* et l'étoile K d'un demi-pas pour faire approcher la ficelle contre le frein *j*, afin d'en maintenir la tension par le ressort *r*, dans le mouvement en arrière de l'aiguille. Le nœud est produit par le becquet B (fig. 61 et 62), mis

Fig. 62

Noueur Appleby-Albaret

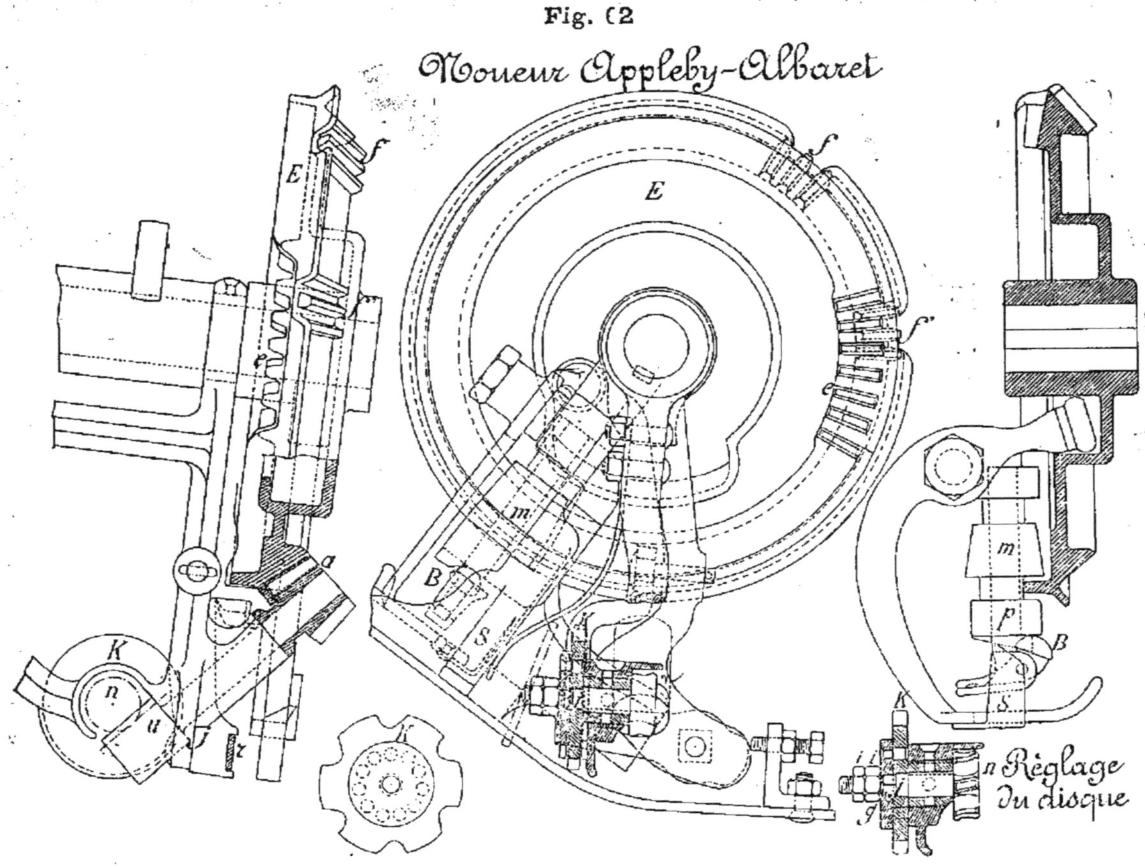

en marche par l'engrenage m de huit dents actionné par celles c de E, qui lui font faire un tour complet.

Pendant l'opération la roue came E continue à tourner, tandis que le pignon a ayant effectué un premier demi-tour s'arrête n'étant plus actionné par les dents f; c'est alors que E amène les trois dents f en contact avec a et leur fait déplacer encore K vers le frein j d'un demi-pas, afin d'amener le cran suivant de K dans la position convenable pour recevoir à nouveau la ficelle, qui est coupée par le couteau S mû par la roue came E.

Dans le noueur Albaret, le disque K, mis en mouvement par la vis sans fin u et le pignon n, est réglé d'une manière ingénieuse. Si par suite d'usure le disque K n'avançait pas suffisamment la ficelle contre le frein j, et ne l'amenait pas à la place voulue, il est possible de régler son avancement par une espèce de vernier. On desserre les écrous i i' (fig. 62), on retire la roue n et son axe, puis on la replace de manière à amener l'étoile K à la position voulue où elle est maintenue par le goujon g. Le nombre des crans de K est pair, tandis que le nombre des trous où se fixe g est impair, ce qui permet de très légères variations dans le réglage.

3° **Noueur Severance.** — Ce noueur, employé dans les lieuses Adriance-Platt et Bindlochine Mac Cormick, fait la boucle simple. La pièce principale est une spirale de bronze W (fig. 63 et 64) formant navette, composée aussi de deux parties concentriques, l'une fixe et l'autre mobile; la figure 63 fait voir les détails des différentes pièces de ce noueur et son mécanisme. La spirale W

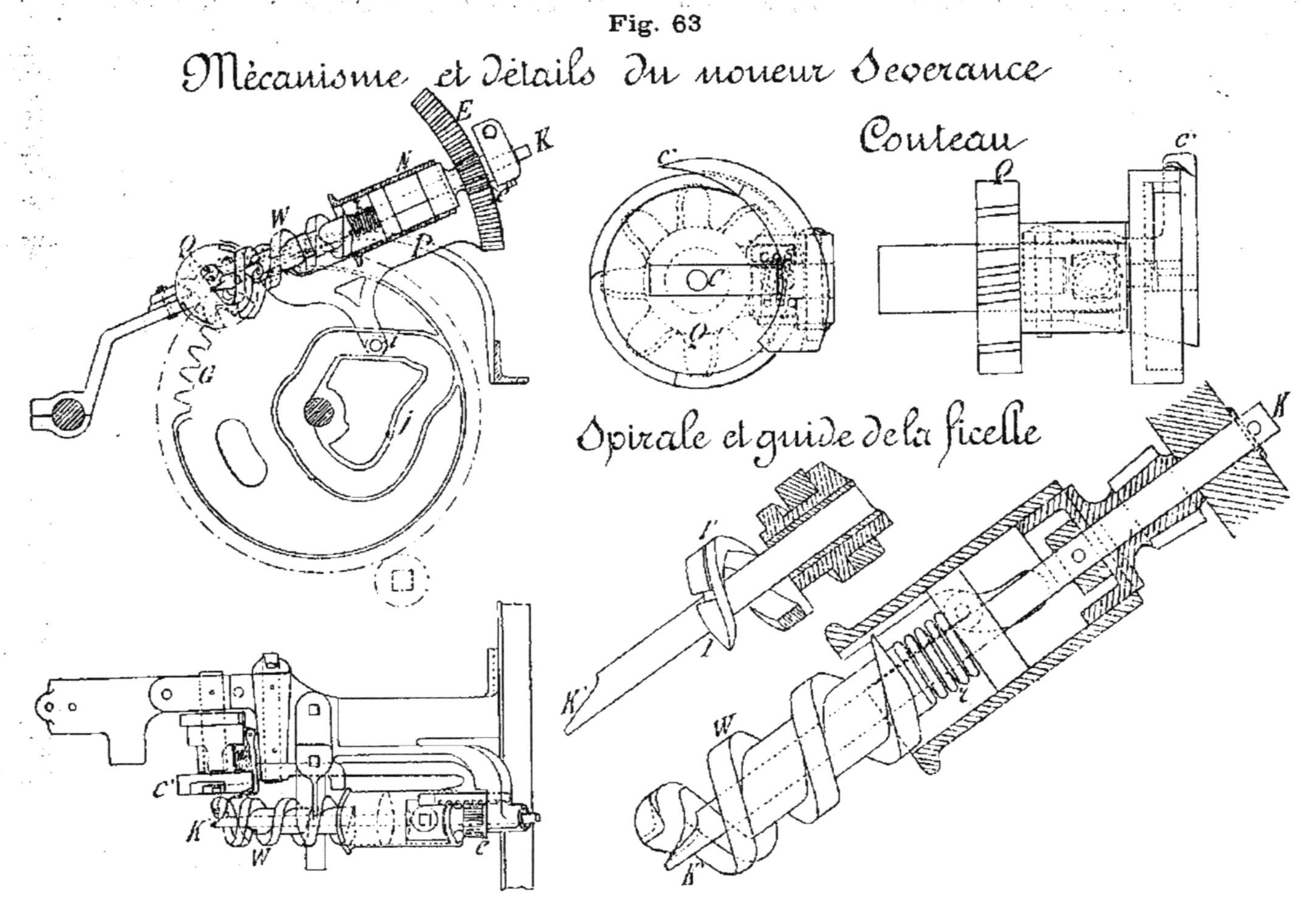

Fig. 63

Mécanisme et détails du noueur Severance

est traversée par la pièce K, qui, à son extrémité K', sert de guide à la ficelle pour la diriger sur le chemin en hélice de W. La spirale, solidement maintenue à sa partie antérieure par K, peut ne pas être soutenue à sa partie postérieure K', ce qui facilite son mouvement de rotation qui lui est communiqué par le manchon N, rendu solidaire de la pièce K, sur laquelle se trouve le pignon *e* actionné par le segment E. La pièce P, portant le segment E, est conduite par le manneton *i* sur la came à rainure *j*, qui lui donne des positions variables dans les différentes phases du mouvement de la spirale. Les deux mâchoires de la spirale sont indiquées en I I' ; I' en s'ouvrant comprime le ressort *r* en laissant un espace suffisant pour loger les deux bouts de la ficelle, puis *r* se détend pour la serrer.

Le couteau C (fig. 63) tranche la ficelle contre la contre-plaque C', qui est mise en mouvement par l'engrenage Q, actionné par la partie dentée du plateau G, au moment précis où le nœud doit être tranché.

La figure 64 indique comment s'effectue le nœud : Au début l'un des bouts *a* de la ficelle est retenu par une pièce dite serre-ficelle, l'autre bout *a'* est passé autour de la gerbe et est conduit dans la direction de W par le lieur A (position 1). La ficelle passe ensuite dans la pièce K K', qui sert à la guider, sans entrer encore dans l'intérieur de la spirale W ; au moment où elle est mise en mouvement autour de l'axe K par un système d'engrenages que je décrirai plus loin, sa pointe passe au-dessous de *a'* (position 2), et les deux bouts *a* et *a'* s'emmêlant autour de W en étant toujours tendus, d'une part par le crochet reteneur, de l'autre par le bras lieur qui se retire. C'est alors que les mâchoires de W s'ouvrent pour permettre aux deux bouts a et a' de s'y loger en comprimant le ressort r (position 3) et fig. 63 et 64, puis les mâchoires se ferment par l'extension de r en serrant a et a', tandis que W tourne en sens inverse (position 4). La position 5 indique le moment où la boucle sort de la

Fig. 64

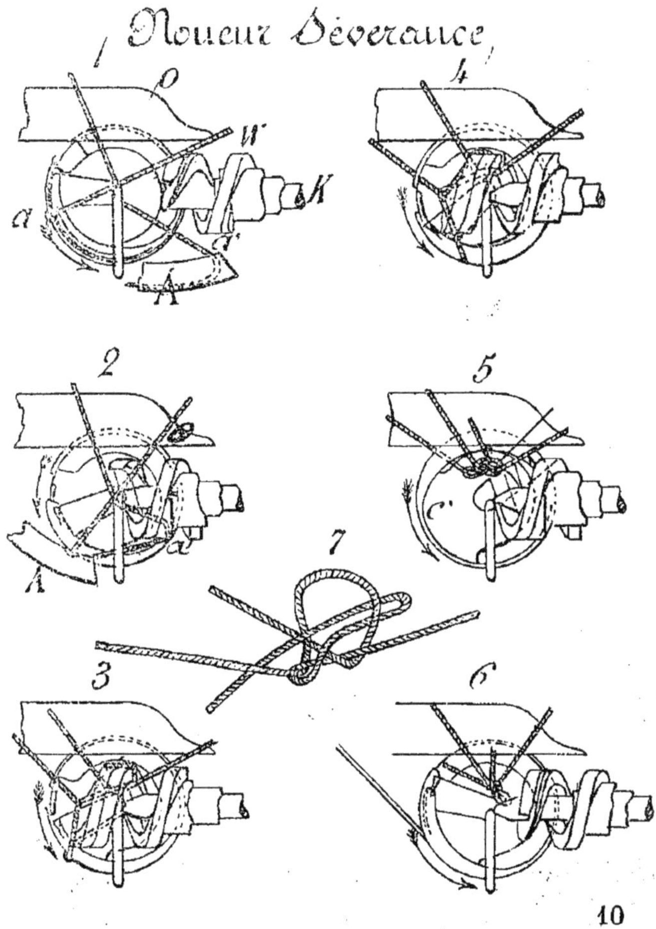

spirale W, laissant au milieu de cette boucle les bouts a a' retenus dans ses mâchoires I I' (fig. 63), qui elles-mêmes lâcheront les bouts coupés par le couteau, car la force des bras éjecteurs chassant la gerbe de l'appareil lieur fera comprimer le ressort *r* (fig. 63) et forcera ces mâchoires à lâcher a a'. La position 7 indique comment, avant le serrage du nœud, la boucle ouverte par W s'éloigne des bouts a a' retenus en I I', pénétrant ainsi à travers cette boucle (fig. 64).

Ce nœud est simple ; la spirale ou navette noueuse est beaucoup plus solide que celle des nœuds précédemment décrits.

Noueur Johnston Mac Cormick.— Ce noueur au lieu de faire une boucle double ou simple, comme les systèmes précédemment décrits, exécute un double nœud sans boucle. Il est employé par deux constructeurs de lieuses, les maisons Johnston et Mac Cormick. Il dérive du lien Appleby, et les positions qu'occupent le becquet et la ficelle sont à peu près les mêmes, seulement le couteau agit plus près de la gerbe, et laisse un bout moins long que les lieurs précédents. Le nœud, tout en étant le même dans les machines Johnston et Mac Cormick, est obtenu par des moyens un peu différents.

Le noueur Johnston, représenté fig. 65, se compose d'un bâti en fonte a supporté par un arbre *b* sur lequel sont calés deux plateaux cames *c d*. Le plateau *c*, sur une partie de sa circonférence, engrène avec la roue

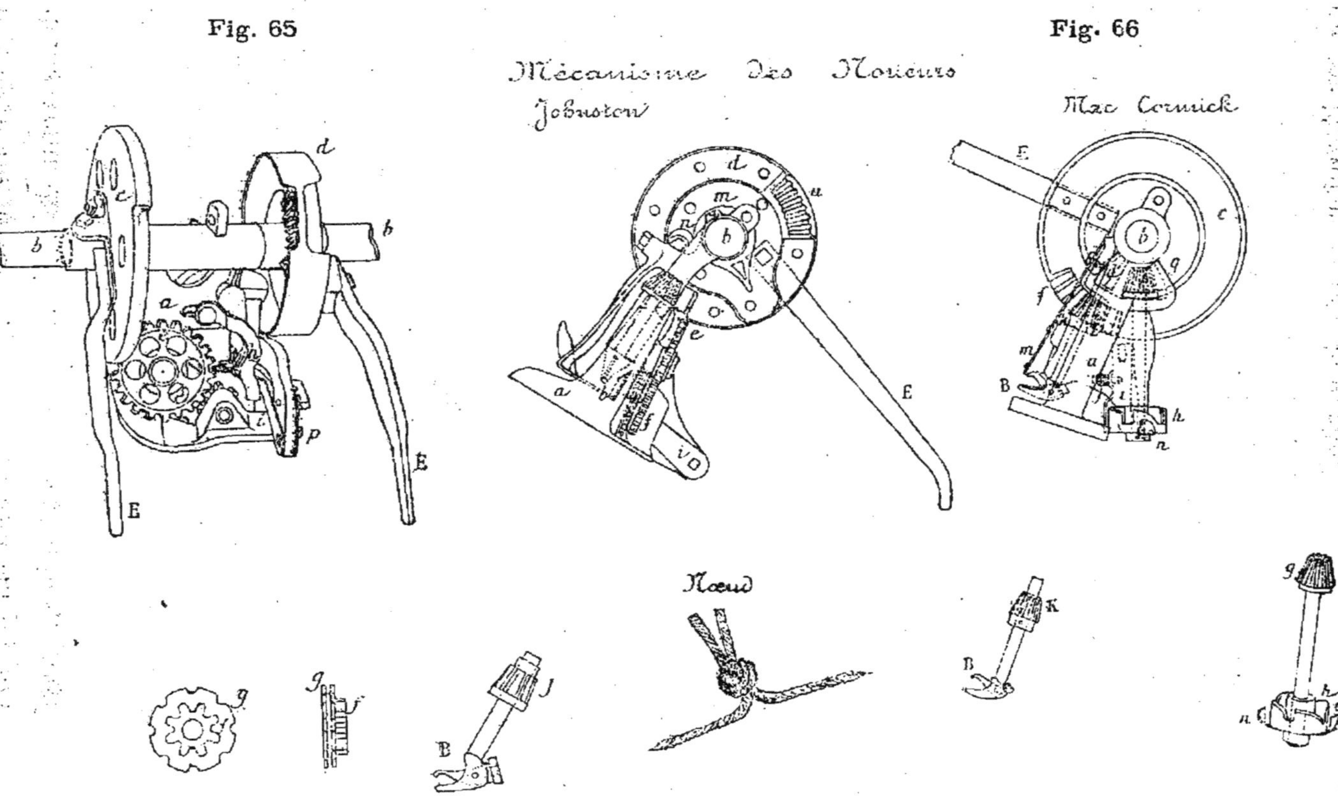

Fig. 65

Fig. 66

dentée *e* de 20 dents, qui commande un pignon *f* de 8 dents venu de fonte avec l'étoile double *g*. Cette étoile *g* attrape la ficelle après le liage de chaque gerbe, et la retient à l'aide la pièce *h*, dont on peut régler le serrage par un ressort *i*. Le plateau *d* porte 7 dents *u*, engrénant avec le pignon *j* (8 dents) fixé sur la tige du becquet B, auquel il donne les mouvements nécessaires à la façon du nœud, dont la tension est réglée par le ressort *p*. La ficelle est ensuite coupée par le couteau *l*, actionné par la came *m* sur laquelle roule un galet *n*. Sur les plateaux *c* et *d* sont fixés des bras en fer E, qui rejettent la gerbe quand la ficelle est coupée.

Le noueur Mac Cormick (fig. 66) ressemble au précédent, mais il est encore plus simple ; il est aussi comme lui soutenu par un bâti en fonte *a*, fixé sur l'arbre *b*. Sur *b* est calé un plateau à joues c, sur lequel sont venus de fonte deux jeux de dents *d* et *f*. Les dents *d* au nombre de trois engrènent avec le pignon *g* (8 dents), fixé sur la tige de l'étoile *h* ; cette étoile d'une forme particulière attrape la ficelle, dès que le nœud de la précédente gerbe est terminé, et la retient au moyen de la pièce *i* que l'on peut régler par un ressort *j*. Les dents *f*, au nombre de sept, engrènent avec le pignon *k* (8 dents), fixé sur la tige du becquet B, pour lui donner le mouvement nécessaire à la façon du nœud, dont la tension est réglée par le ressort *m*. Les deux couteaux *n* et *o* coupent, très près de la gerbe, les bouts de ficelle sur l'étoile *h*. Le plateau *c* et l'arbre *b* portent des bras en fer E, qui rejettent la gerbe liée quand la ficelle est coupée.

Le noueur Mac Cormick, qui ne se compose que de 7 pièces, est le plus léger et le plus facile à régler ; son couteau surtout est très ingénieux ; enfin le nœud double sans boucle se défait moins facilement que les autres.

Lorsque la gerbe est liée, et que les extrémités de la ficelle ont été coupées, il faut débarrasser, de cette gerbe, la table du lieur pour faire place à la suivante : ce résultat est obtenu à l'aide d'appareils, dits bras **éjecteurs ou projecteurs**. Dans la plupart des lieuses, ces bras éjecteurs sont montés sur l'arbre des engrenages de commande de l'appareil lieur, et sont animés d'un mouvement circulaire qui rejette la gerbe d'un seul coup.

Le projecteur déchargeur Wood (fig. 67) agit moins

Fig. 67

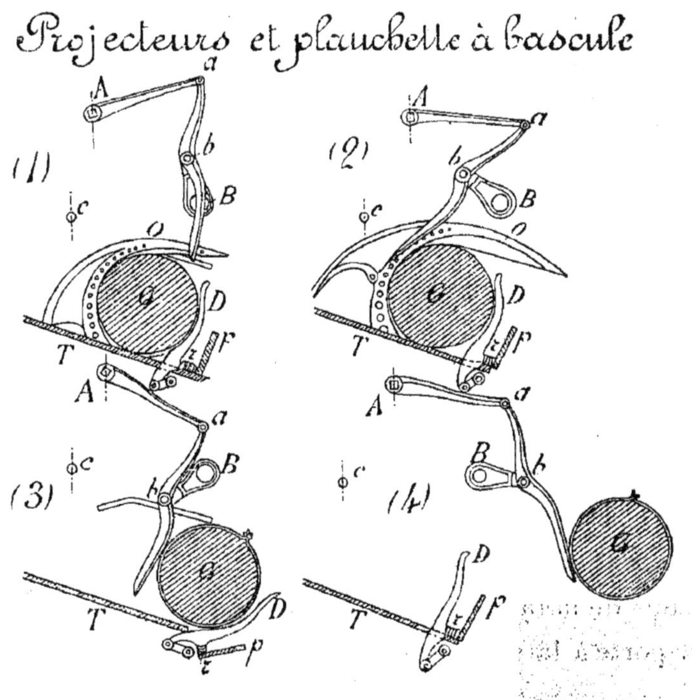

brutalement, il est formé par une espèce de fourche à deux branches *a b*, qui poussent progressivement les gerbes, ainsi que l'indiquent les quatre positions de la figure. Le mouvement est obtenu par deux manivelles A *a* B *b*, qui portent d'abord en arrière la pointe de la fourche (position 2), puis cette fourche pousse la gerbe G, en faisant basculer la pièce D et la planchette *p*, et l'expulse doucement hors du tablier (position 4).

Transmission de mouvements. J'ai étudié successivement les parties travaillantes d'une moissonneuse lieuse, en indiquant pour chaque organe les mécanismes adoptés par les principaux constructeurs ; mais, pour bien faire comprendre le rapport qui existe entre ces mécanismes, j'ai réuni dans la figure 68 les principaux mouvements de la lieuse Albaret. La roue porteuse R est le point de départ de ces mouvements ; sur son arbre est calé l'engrenage à denture extérieure A donnant le mouvement à a : sur l'arbre de a se trouve la roue conique B, agissant sur deux pignons *b* et *b'*, *b'* servant à actionner le plateau - manivelle et la bielle, *b* l'arbre de la roue à chaîne de galle G, faisant tourner les engrenages *i* K *m*, par l'intermédiaire desquels sont actionnés les toiles, les rabatteurs, l'appareil lieur etc., dont les mécanismes ont été successivement étudiés quand j'ai parlé de chacun de ces organes.

L'appareil lieur complet est mis en mouvement par les roues d'engrenages *u x y z*, et une bielle placée au-dessous de la table P, qui est traversée par les botteleurs *j*, et porte à la sortie des élévateurs le tasseur égaliseur

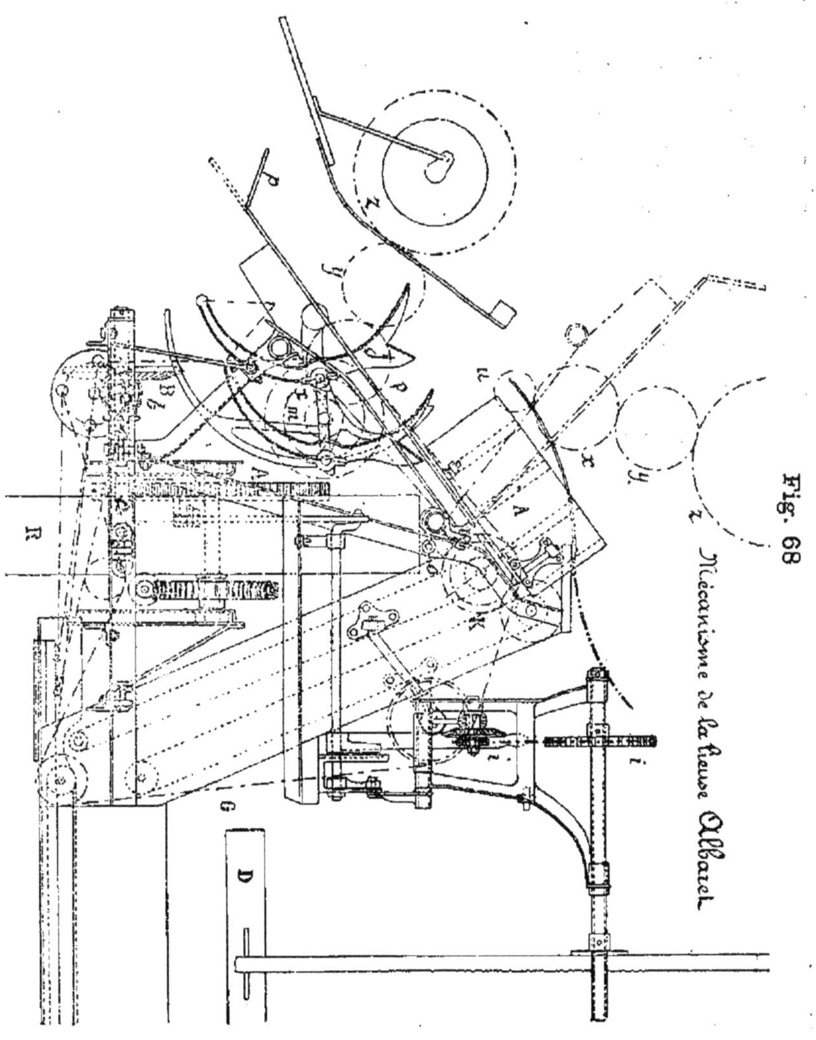

Fig. 68
Mécanisme de la lieuse Albaret

A'. Quant aux organes travaillants du noueur, ils varient avec les différents types, et ont été décrits pour chacun d'eux.

Appareil de transport. — Les moissonneuses lieuses occupent une très grande largeur, et quelquefois il est difficile de les faire passer dans les chemins de culture, souvent encaissés dans certains pays, bordés de haies dans d'autres. Afin de rétrécir la machine pour le transport, M. Albaret a fixé le tablier du lieur et ses organes de transmission sur un support à charnières, qui permet de les relever, comme l'indique dans la position pointillée la fig. 68, mais souvent ce rétrécissement ne suffit pas ; aussi beaucoup de constructeurs ont-ils muni leurs lieuses d'appareils spéciaux de transport. Celui de la maison Mac Cormick (fig. 69), est un chariot à deux roues *r'*, fixées sur un essieu *e* qui porte des griffes *c c* s'encastrant dans les fers du bâti de la lieuse ; cet essieu est placé perpendiculairement à celui de la roue porteuse R, qui se trouve ainsi enlevée au-dessus du sol ; de telle sorte que la largeur de l'instrument ainsi disposé dépasse de peu celle de l'appareil de coupe (1^m 70 à 1^m 80). On adapte alors à la machine un timon spécial T, qui se fixe en *a* sur une pièce rapportée S, et passe à travers les rais de la petite roue *r* qu'il enlève, en étant maintenu dans sa position par un cadre ménagé dans l'appareil de relevage de *r*.

Porte-gerbes. — Les gerbes liées, rejetées en quittant le bras lieur par les projecteurs E, tombent

Fig. 69

Traineau et Timon de transport
(Lieuse Mc Cormick)

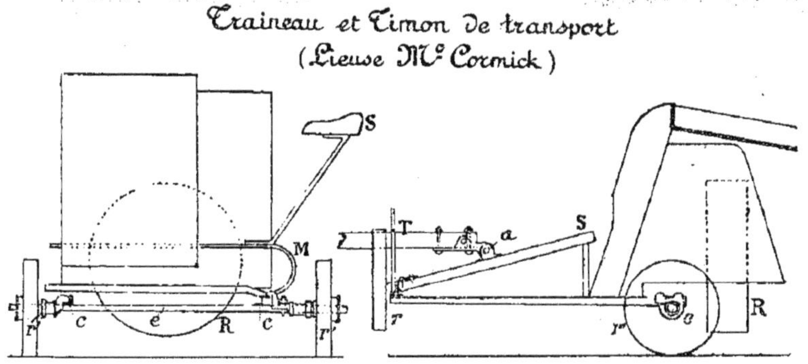

sur le sol une à une, et il faut ensuite les réunir en faisceaux pour faire des petits tas ou meulons. Pour éviter cette main-d'œuvre, un certain nombre de machines sont munies d'un appareil spécial dit *porte-gerbes*, retenant une certaine quantité de gerbes qui tombent ensemble sur le sol. Le *porte-gerbes Wood* (fig. 70) est formé par trois planches articulées sur lesquelles reposent les

Fig. 70

Porte-Gerbes

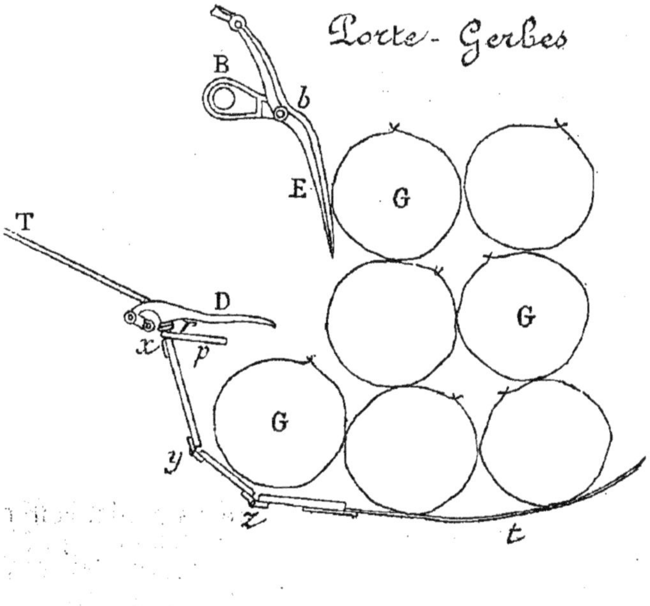

gerbes placées à l'extrémité du tablier T ; ces planches sont suivies de tiges de fer recourbées formant fourches ; les gerbes après le liage sont déposées sur ces planches et sur ces tiges. Lorsque leur nombre paraît suffisant, le conducteur, au moyen d'une pédale, abaisse les tiges de fer et les planches à charnières *x y z*, et les gerbes amoncelées glissent sur le sol où elles se trouvent réunies en un tas facile à relever. Le porte-gerbes Mac Cormick est encore plus léger, il est formé de tiges de fer très flexibles oscillant autour d'un tube en acier, il s'abaisse au pied, par l'extension d'un ressort qui le ramène ensuite dans sa position primitive.

Les porte-gerbes sont commodes et évitent de la main-d'œuvre, mais quand les céréales, les blés surtout, sont versées et ne forment pas une botte très régulière, les tiges de la gerbe qui se lie peuvent se mêler à celles des tiges qui tombent à terre, et amener une traînée dispersant les gerbes et les emmêlant.

Disposition des champs pour le travail d'une moissonneuse lieuse. — Les champs de céréales, destinés à être coupés par une moissonneuse lieuse, doivent être préparés comme ceux où opèrent les moissonneuses javeleuses ; toutefois, lorsqu'on se sert de porte-gerbes, il n'est pas nécessaire d'arrondir les angles, car le conducteur peut de son siège ne faire agir la bascule du porte-gerbes, qu'après que la machine les a dépassés, et à une distance telle que les chevaux ne puissent, avec leurs pieds, renverser le tas laissé par le porte-gerbes. Quant à la piste qui entoure le champ, elle doit être plus large, afin d'éviter toute chance d'enlacement des tiges de la récolte liée avec celles que l'instrument coupe , car cet enlacement pourrait le faire bourrer, et même fausser ou arracher les pièces délicates du lieur. Enfin cette piste devra être encore agrandie et examinée avec soin, si le champ est bordé de haies d'épines ou d'arbres, dont les rejetons mêlés aux tiges, pourraient engorger la scie, les élévateurs ou le mécanisme. Il est bien entendu que la machine ne devra marcher que d'un seul côté, lorsque la récolte est versée, et travailler dans le sens opposé à la verse ; si, sur quelques points du champ, les tiges sont abaissées et mêlées sous l'influence d'un vent d'orage, il sera prudent de faire couper à la faux les plus tourbillonnées, car, en admettant qu'elles ne cassent pas les rabatteurs et ne faussent pas l'aiguille, la gerbe se lie mal et celle qui est liée ne peut être rejetée par le projecteur, emmêlée qu'elle est avec les tiges qui s'accumulent sur le javeleur.

Montage, mise en marche et entretien d'une moissonneuse lieuse. — Les lieuses sont expédiées, la grande roue et le bâti principal sans emballage, mais l'appareil lieur plus délicat est généralement placé dans une caisse ; la plupart des constructeurs fournissent avec leurs machines des instructions et des dessins, facilitant le montage du lieur sur le bâti ; en tous cas, il est bon de stipuler dans le marché d'achat que cet envoi sera fait. Les toiles du tablier ou des élévateurs sont généralement fixées sur l'instrument à la ferme, avant le départ de l'outil pour les champs à moissonner. Ces toiles, je l'ai déjà dit, doivent être pendant la morte-saison rigoureusement rangées dans un endroit sec ; quand on les monte, il faut avoir soin de mettre le recouvrement d'un bout sur l'autre dans le sens de l'entraînement, afin d'éviter que les tiges s'engagent entre ces deux bouts. Si les toiles sont neuves, elles ont tendance à s'allonger, il faudra, surtout les premiers jours, s'assurer qu'elles sont bien tendues par les rouleaux disposés à cet effet ; ceci est encore plus important pour les lieuses à tablier élévateur. Il arrive quelquefois que, par accident ou par une forte rosée, une toile non montée ait été fortement mouillée ; elle est alors très raccourcie, et il est presque impossible d'ajuster les courroies d'attache dans les boucles, ce qui occasionne une sérieuse perte de temps. Un bon procédé dans ce cas, pour rapprocher les deux bouts, c'est d'attacher une corde à la courroie et de la passer dans la boucle correspondante ; on tire ensuite sur cette corde jusqu'à ce que la courroie pénètre dans la boucle.

La lieuse, une fois arrivée au champ, on la débarrasse de son appareil de transport, dont les dispositions sommairement indiquées plus haut varient avec les constructeurs ; il faut ensuite placer la ficelle sur l'aiguille, puis régler la position du lieur, et cela avant de remettre les planches mobiles de la table P (fig. 71), dont l'enlèvement est prévu, pour ce travail et la facilité du graissage ; on tire alors le bout de la ficelle *f*, venant de la pelote en le faisant passer dans les ressorts de tension et dans les anneaux *a a'* et ensuite dans la rainure de l'aiguille A à travers sa tête. Il est indispensable de dérouler la longueur de ficelle, correspondante au liage d'une gerbe, que l'aiguille porte d'elle-même au lieur ; on continue ensuite, par une manivelle disposée momentanément à cet effet, à faire tourner tout le système jusqu'à ce que l'aiguille A, revenant en arrière, soit allée reprendre sa position primitive sous la table P. Au début il ne faut pas trop tendre les ressorts, mais quand la machine a fonctionné pendant quelque temps cette tension n'est plus suffisante et il peut arriver que la ficelle se déplace ou entoure de biais la gerbe ; il faut alors resserrer les ressorts de tension. Lorsque la machine a avancé de quelques mètres en travaillant dans la récolte, on voit si la grosseur des gerbes est bien réglée. Le

Fig. 71

Tablier démontable de la Lieuse Mc Cormick.

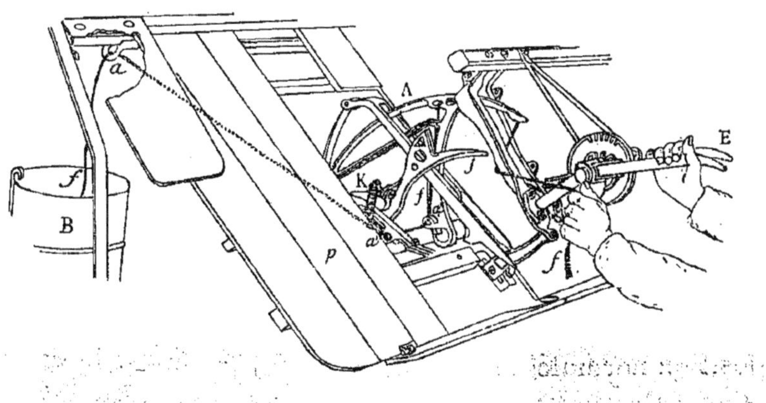

mode de réglage varie avec les types de machines ; le serrage des gerbes par la ficelle peut aussi être augmenté ou diminué par la tension d'un ressort, mais si on raidit trop ce ressort, il se produit des engorgements. Enfin tout le système lieur, glissant sur la table dans le sens perpendiculaire à l'aiguille, on peut par des mécanismes simples déplacer cet organe pour lier les gerbes dans la position la plus convenable.

Le travail du *couteau* ou *pince-cisaille* devra aussi être vérifié au début ; dans les machines où l'on peut faire varier sa position par rapport au noueur, il faut chercher celle qui est la plus favorable ; placé trop en avant, le couteau coupe la ficelle avant qu'elle soit prise par le reteneur, placé trop en arrière, il peut ne plus la couper. Le couteau, toujours bien aiguisé, ne doit être ébréché en aucun point.

Les lames de scie sont placées sur la machine à peu près de même que dans les faucheuses ; il faut les changer toutes les deux heures et les affûter par les moyens déjà indiqués. Le mode de règlement de la hauteur de coupe et des rabatteurs a été précédemment décrit. Quand une lieuse sort directement de chez le constructeur ou le dépositaire, il se peut que, dans les premiers mètres de mise en marche, le lieur manque quelques gerbes ; mais il ne faut pas pour cela arrêter de suite la machine, car souvent les manquements sont produits par la peinture qui a collé quelques pièces ; dans ce cas ces pièces reprennent d'elles-mêmes en marchant leur position normale de travail.

Avant de mettre la machine en train, il faut s'assurer que tous ses organes fonctionnent bien et librement, que tous les écrous sont bien serrés, toutes les parties tournantes bien graissées ou huilées. Il faut surtout employer des huiles de bonne qualité, afin de ne pas produire de cambouis, destructeur du mécanisme délicat du lieur. Il ne faut oublier aucun coussinet, savoir le nombre de ceux à graisser au début, et appeler à haute voix ceux auxquels on a fourni de l'huile pour être sûr qu'ils ont tous été remplis. Il est bien entendu qn'on doit graisser plus souvent les pièces qui ont un mouvement rapide.

Prix de revient d'une journée de travail d'une moissonneuse-lieuse. — Ce prix dépend surtout de l'effort de traction et de la surface travaillée par jour. Il résulte des dernières expériences dynamométriques, qui ont été faites sur les moissonneuses-lieuses, que le travail mécanique, exigé par les machines à élévateurs, ne dépasse guère que d'un quart ou d'un cinquième celui demandé par les moissonneuses-javeleuses, en comparant ces deux types d'instrument le même jour, dans le même champ et dans la même récolte. L'effort total a varié entre 160 et 200 kilogrammètres, ce qui indique qu'il faut trois chevaux pour faire marcher une lieuse. Cet effort est moindre pour les machines sans élévateurs, et probablement aussi pour la Wood dernier modèle. L'Adriance-Platt peut être conduite par deux chevaux, mais il est indispensable de changer l'attelage toutes les deux heures, si l'on veut avoir un travail régulier; d'ailleurs au début de la moisson avant que l'agriculteur ait commencé à rentrer la récolte, les bêtes de trait ne manquent pas à la ferme, et il n'en coûte pas de réserver deux attelages de deux chevaux pour chaque lieuse. L'important est de n'avoir pas besoin d'atteler trois chevaux à l'instrument, surtout quand le troisième doit être placé en flèche ; or il est certain qu'à moins de céréales exceptionnellement fortes deux chevaux suffisent pour conduire une lieuse sans élévateurs.

Les expériences dynamométriques se font, comme celles indiquées précédemment pour les moissonneuses-javeleuses. La surface travaillée par jour dépend de la largeur de coupe, de la vitesse des animaux et du nombre d'heures de travail. La largeur tranchée par la lame de scie est en moyenne de $1^{m}40$, la vitesse, s'il s'agit de chevaux, de $0^{m}80$ à $0^{m}90$ par seconde.

La durée totale du travail, si on emploie deux attelages et qu'on ne s'arrête pas à midi, peut atteindre 12 à 13 heures; mais, afin de conserver les mêmes données que pour les précédents outils, j'ai basé mes calculs sur la journée de dix heures, et n'ai compté que trois chevaux employés, les deux ou trois heures supplémentaires compensant le prix du quatrième cheval ; il faut compter 20 % de perte pour les tournants, le graissage, le rattachage de la ficelle cassée et les petites réparations, ce qui réduit le travail fait à 3 hectares ou 3 hectares 40.

Avec ces éléments, le prix d'une journée de 10 heures de travail d'une moisonneuse-lieuse peut s'établir ainsi :

Un conducteur. . . . . ,	3 fr.
Un ouvrier pour l'affûtage des scies et la surveillance de la machine	4 »
Un gamin pour dégager la scie dans les bourrages et ranger au besoin les gerbes. . .	1 »
Ficelle pour liens	8 »
Trois chevaux à 5 fr.	15 »
Intérêt et amortissement à 15 % l'an d'un capital de 1,250 fr. pour 15 jours de travail . .	12 50
Huile, graisse, etc.	1 50
Total.	45 fr.

Soit 13 50 à 15 fr. de l'hectare.

RÉCOLTES DES RACINES ET DES TUBERCULES

Chapitre VI

Arracheuses de betteraves et de chicorées.

Les principales racines, qu'il y a intérêt à récolter mécaniquement, sont les betteraves et en particulier les betteraves à sucre. Ces dernières surtout que, par suite de la loi de 1884 sur le régime des sucres, on est tenu de laisser sur le terrain très rapprochées les unes des autres, et de faire pénétrer le plus profondément possible dans le sol, demandent une maind'œuvre fort coûteuse pour l'arrachage, et les ouvriers employés à ce travail, quand le sol est sec et dur, laissent souvent en terre beaucoup de racines profondes, qui renferment généralement les parties les plus riches en matière sucrée.

Aucun outil à main ne répond parfaitement aux besoins de ce travail ; on a dû renoncer à l'ancien crochet à manche perpendiculaire, encore fort employé, qui, arrachant la racine obliquement, la cassait presque toujours. Le louchet ou bêche étroite du Nord ne pouvait plus pénétrer assez dans le sol pour soulever la betterave dans la terre dure ; le crochet droit, ou lésait la plante avec ses dents, ou exigeait un trop grand effort pour descendre assez profondément et soulever la terre sans toucher la betterave. Il fallut chercher à substituer, à la force insuffisante des bras de l'homme, la puissance de machines actionnées par des animaux, et c'est à la solution de cette question que se sont appliqués les constructeurs. Car, bien que l'arrachage mécanique ait été étudié dès 1867, par M. Delahaye en particulier qui construisit un instrument déjà pratique, la question de l'arrachage mécanique de la betterave ne prit une grande importance qu'à partir de la promulgation de la loi de 1884.

Le problème à résoudre présente d'autant plus de difficultés que les bases posées par les fabricants de sucre et les cultivateurs ne sont pas les mêmes. Les premiers ne demandent qu'une chose, avoir des betteraves saines et propres; il leur importe peu qu'elles soient brisées. Le cultivateur au contraire, qui voit le rendement en poids diminuer avec les plantes produites par les nouvelles graines, et les dépenses de culture et façons augmenter avec le rapprochement des lignes et des pieds sur les lignes, désire retirer la totalité de la racine à quelque profondeur qu'elle pénètre. Ces divergences dans les conditions demandées expliquent la différence des récompenses données dans les concours d'arracheuses aux types divers de ces instruments, selon que l'élément fabricants de sucre ou cultivateurs dominait dans le jury.

Quel que soit le système employé pour extraire du sol les betteraves, il fant que l'outil, qui doit exécuter le travail, soit porté sur un bâti facile à diriger, dont les organes soient suffisamment solides pour résister aux efforts de traction, souvent violents et irréguliers lorsque le terrain est sec ou pierreux. La disposition et la résistance des pièces, qui composent ces bâtis, varient avec le nombre des rangs de betteraves que l'instrument doit arracher; mais lorsqu'on se propose d'opérer sur plusieurs rangs à la fois, une condition s'impose : l'arracheuse doit travailler un nombre de lignes égales à celles du semoir, ou un sous-multiple du nombre de ces lignes. Il faut en outre que l'outil ne fonctionne jamais sur les deux lignes de trains différents du semoir qu'on appelle *reprises* ; car quelle que soit l'habileté du semeur, l'écartement de ces lignes n'est jamais régulier. Si on a employé un semoir à six socs, on pourra se servir d'arracheuses à deux ou trois rangs. Si le semoir était à cinq socs et qu'on veuille se servir d'une arracheuse à trois rangs, il faut user d'un artifice, qui consiste à arracher trois rangs de rives dans chaque train du semoir ; puis ces trois rangs arrachés dans toute la pièce, enlever un soc à l'outil, qu'on règle à nouveau pour travailler sur deux rangs seulement, et l'on termine ainsi le champ. Enfin dans toute grande exploitation, si on emploie les arracheuses multiples, il est prudent d'avoir en outre un outil à un seul rang, qui sert pour les portions de champ en courts tours, et surtout pour les fourrières où les lignes sont moins régulières, les betteraves ayant été souvent déplacées par les pieds des chevaux pendant les binages.

Les régulateurs de traction des arracheuses doivent être disposés de telle sorte qu'on puisse modifier la position de la ligne de tirage, sans rendre plus difficile la direction de l'outil ; car il est indispensable, suivant le nombre et l'espèce des animaux de trait employés, de disposer en travail l'attelage de ces animaux, de manière qu'ils lèsent le moins possible les betteraves encore en terre, et ne trépignent pas celles qui sont arrachées.

Beaucoup d'instruments insuffisamment étudiés ne remplissent pas ces conditions. Il faut toutefois reconnaître que les bons constructeurs de machines agricoles livrent maintenant des bâtis d'arracheuses ayant toute la stabilité et la facilité de direction qu'on peut désirer.

La partie principale des arracheuses est évidemment le **soc**, la pièce unique travaillante qui pénètre en terre pour extraire la betterave. On emploie aujourd'hui deux types de socs, qui ont chacun leurs partisans.

Ces deux types sont 1° le *soc unique*, 2° le *soc à griffes*.

1°—Le **Soc unique**, monté sur une tige excessivement solide, pénètre profondément dans le sol, passe à côté de la betterave, le plus près possible de la racine, et procède plutôt par soulèvement de la terre que par arrachement de la racine. C'est ce type de socs que M. Delahaye avait adopté dans son arracheuse de 1867 en donnant à la pointe une forme de fer de lance ; dans l'arracheuse à deux rangs de 1874, ce constructeur adopta le soc de bec-de-cane mince, suivi de deux petites fourches relevées, à peu près le soc de l'arracheuse de M. Candelier que je décrirai plus loin ; mais il avait déjà une tendance à se servir de griffes, puisqu'il transformait son arracheuse à deux rangs en outil à un rang, par la juxtaposition des deux socs embrassant la betterave, et formant par conséquent de véritables griffes.

M. Candelier est resté fidèle au *soc unique*, mais il a modifié la forme primitive de la tige qui était verticale. Les nouvelles tiges T (fig. 72) sont obliques et vont en s'éloignant du plan vertical passant par les bords des traverses A, sur lesquelles elles sont fixées, afin d'éviter l'engorgement de feuilles qui se produisait primitivement le long de ces tiges. L'avant de T est en forme de couteau pour pénétrer plus facilement dans la terre ; deux boulons *bb* fixent T sur la pièce A. Le soc S, abaissé d'arrière en avant, présente, en avant une partie un peu large et coupante, en arrière deux pièces en fer rond, qui constituent la seule partie touchant la betterave que la forme ronde de ces fers empêche de léser. Par ce soc ainsi disposé, la racine est descellée de la terre et légèrement soulevée dans le sens vertical par *f* ; dans ces conditions la betterave a peu de tendance à se casser, et en tous cas la cassure ne se produit que très profondément à un endroit où sa section est faible ; mais l'instrument ne produit son effet qu'à la condition de pénétrer jusqu'aux couches du sol où la betterave n'est plus qu'une racine sans importance, et cela entraine à faire enfoncer l'outil très profondément dans les terrains bien cultivés et défoncés, plantés en espèces pivotantes. C'est pour éviter d'aller aussi profondément que M. Brébant, remplaçant par des tiges en acier T le massif corps en fonte de l'arracheuse Cartier, a modifié l'arrière du soc Candelier.

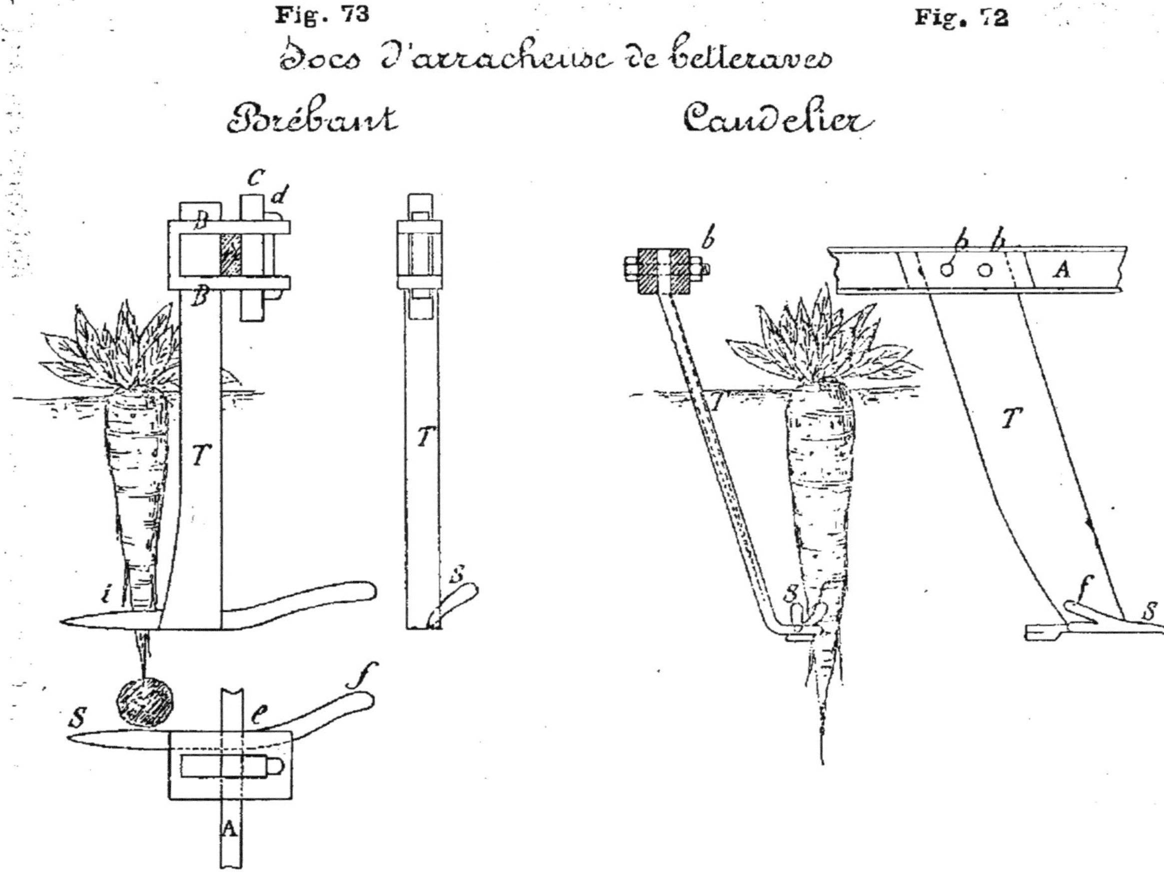
Fig. 73
Fig. 72
Socs d'arracheuse de betteraves
Brébant
Candelier
c
d
B
B
T
T
S
i
S
f
e
A
b
b
b
A
T
S
f
S

Ce soc S (fig. 73) est en fer rond terminé en pointe à l'avant ; cette pointe ne touche par la betterave, et ce n'est que par la partie antérieure recourbée de *e* en *f* que la racine est touchée ; le soc soulève d'abord la betterave et la pousse ensuite. Ce type est presque le trait d'union entre le *soc unique* et *la griffe*. Pour les fanatiques du soc unique, c'est un inconvénient ; selon eux la betterave ainsi poussée par l'arrière *e f* du soc, doit se casser au point *i*, parce qu'elle est tirée obliquement et non plus soulevée verticalement comme dans l'arracheuse Candelier. Je dois dire que certains cultivateurs de l'Aisne se sont servi par de fortes sécheresses d'arracheuses Brébant à quatre lignes et qu'ils ont eu peu de betteraves cassées. L'attache de la tige T sur les traverses du bâti est solide et facile à fixer. Cette tige T est prise par un étrier B, qui embrasse la traverse A, sur laquelle elle est fixée par la clavette C et la contre clavette *d* ; avec un marteau on peut en frappant sur C serrer ou desserrer T, et très rapidement en changer la position sur le bâti.

2° — Le **soc à griffes** se compose de deux branches réunies dans les premiers types, aujourd'hui séparées, ces deux branches sont fixées sur le bâti de l'arracheuse, par des systèmes d'attache qui varient avec les constructeurs. On peut dire que les socs à griffes ne sont que la réunion de deux socs uniques, opérée pour la première fois par M. Delahaye de Liancourt. Les deux tiges supportent chacune une espèce de doigt, qui ressemble à ceux d'une fourche à deux dents, mais ils ne sont pas réunis et laissent une ouverture du côté opposé à la pointe. En approchant ou en éloignant les deux griffes l'une de l'autre, selon la grosseur des plantes à arracher, on soulève la terre de chaque côté de la betterave sans la toucher, et si l'on opère ainsi, on peut, tout en allant à une profondeur relativement faible, ne couper ni les racines pivotantes ni les latérales, laissant, quand l'instrument est bien réglé et les betteraves régulières, la plante dans la position verticale qu'elle occupait pendant son développement. La fig. 78 représente, en plan et élévation, des socs Bajac dont les griffes sont renforcées sur le côté et très solides. La griffe Amiot et

Fig. 74

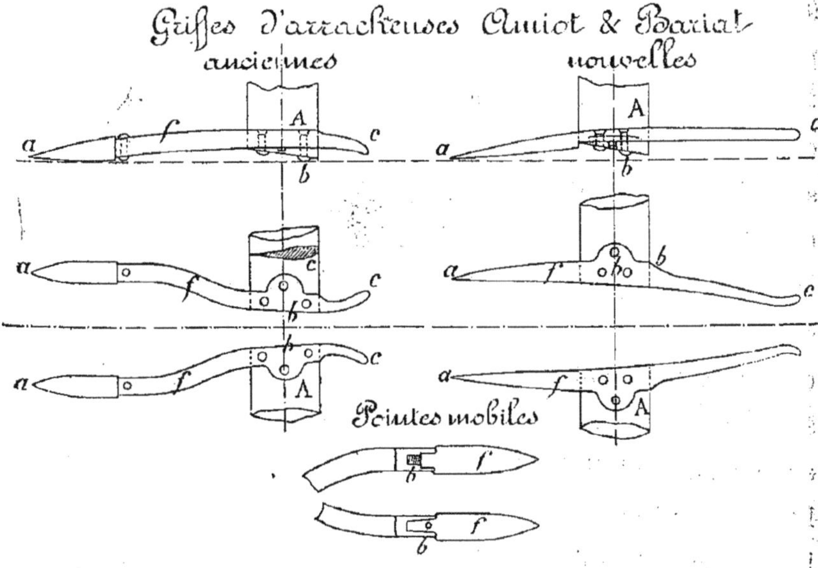

Bariat (fig. 74) se compose de deux parties, l'une *f* boulonnée sur la branche A, qui la fixe au bâti, l'autre *a*, formant la pointe rapportée, maintenue au moyen de vis ou de goupilles, que l'on peut changer lorsqu'elle est usée. La première disposition adoptée par ces constructeurs et par la plupart des autres avait l'inconvénient de soulever la betterave en face des supports A, et d'amener un bourrage par les feuilles lorsque la plante était jetée de côté. Dans la disposition nouvelle, les branches A, qui tranchent la terre, passent avant que la betterave soit soulevée par l'arrière des griffes *f*, et, lorsque le corps de la plante est pris en C, les branches A sont déjà passées, et les feuilles ne peuvent plus s'y loger.

Ces deux systèmes de socs, le *soc unique* et le *soc à griffes* ont leurs partisans et leurs adversaires. On reproche au soc unique de ne pas pouvoir toujours pénétrer assez avant dans le sol pour enlever toutes les racines des betteraves pivotantes, qui se cassent en laissant dans le terrain la partie la plus riche. La résultante des efforts exercés sur la plante n'est pas toujours verticale et la betterave peut au lieu de rester droite, être couchée légèrement sur le côté. La plante ainsi inclinée dans une terre relativement, assez ouverte par le long support du soc, est exposée, au début de l'arrachage aux ardeurs du soleil qui la dessèchent, à la fin à l'action de la gelée qui la détériore ; enfin le sol ainsi ouvert est imbibé par la moindre pluie, jusqu'à la profondeur atteinte par le soc, profondeur qui doit être considérable.

afin que ce soc agisse efficacement, ce qui détrempe le terrain au point de rendre les débardages pénibles, souvent impossibles. L'eau des pluies détrempe au contraire moins le sol avec les arracheuses à *soc à griffes*, la terre coupée par les branches, retombant par son propre poids dans le sillon creusé, sans laisser de petites tranchées ouvertes comme celles formées par le soc unique à branches verticales, inconvénient presque détruit d'ailleurs par l'obliquité de la branche de l'arracheuse Candelier. Enfin la betterave restée en place, après le passage des griffes, entourée, comme un arbuste qu'on veut transplanter, de sa gangue de terre, n'est soumise ni à l'action du soleil ni à celle de la gelée.

Le *soc à griffes* doit autant que possible, ainsi que je l'ai dit, ne pas toucher la betterave avec ses branches, mais il arrive quelquefois que, pour obtenir ce résultat, on éloigne trop les branches porte-griffes, et que la plante, après le passage de l'outil, tienne encore assez dans le sol, pour être difficilement enlevée à la main.

Au point de vue de la traction, le soc unique exige un peu plus d'effort, et l'instrument qui en est muni est aussi plus difficile à diriger, une pierre, une racine de luzerne ou autre plante, le faisant dévier et passer assez loin de la ligne des betteraves pour ne pas les soulever. Le soc à griffes ne peut dévier, car il encastre les betteraves sur toute la longueur de la ligne ; la profondeur où pénètre l'outil étant plus faible qu'avec les arracheuses à soc unique, (à peu près celle des derniers labours donnés au terrain) la traction est moindre que dans les outils à soc unique.

Les deux types de socs ont, on le voit, leurs avantages et leurs inconvénients, et ce qui prouve qu'agriculteurs et fabricants de sucre ne sont pas fixés à ce sujet, c'est qu'on a vu, dans un même concours et le même jour, le premier prix d'arracheuses à une ligne donné à un instrument portant un *soc unique*, et le premier prix des arracheuses à plusieurs lignes donné à un outil muni de *socs à griffes*. Je suis porté à croire que ces deux systèmes peuvent également donner de bons résultats, quand ils sont appliqués à des instruments solides et bien construits ; cependant un certain nombre d'agriculteurs sont d'avis que le *soc unique* fonctionne mieux dans un sol dur, et que le *soc à griffes* est celui qu'il faut employer dans la terre détrempée, car dans ce cas on peut assez éloigner les branches porte-griffes pour ne pas toucher la betterave, tout en ayant suffisamment soulevé la terre pour permettre d'enlever la plante à la main en la tirant par les feuilles.

Bâtis. — Un bâti d'arracheuses de betteraves doit être aussi indéformable que possible et très résistant. Je vais indiquer la disposition de ceux de quelques outils de bons constructeurs. Le bâti de l'arracheuse à deux lignes Candelier (fig. 75) est solide et bien compris. Il se compose de deux fers plats ou en ‾|___|‾ A et B, réunis par deux entretoises, venant se joindre à l'avant pour être boulonnés sur la pièce qui traverse la cheville ouvrière M, solidaire des deux petites roues d'avant-train *r*, du régulateur et du crochet de tirage.

A l'arrière un essieu coudé E, portant deux roues R,

Fig. 75

Arracheuse Candelier.

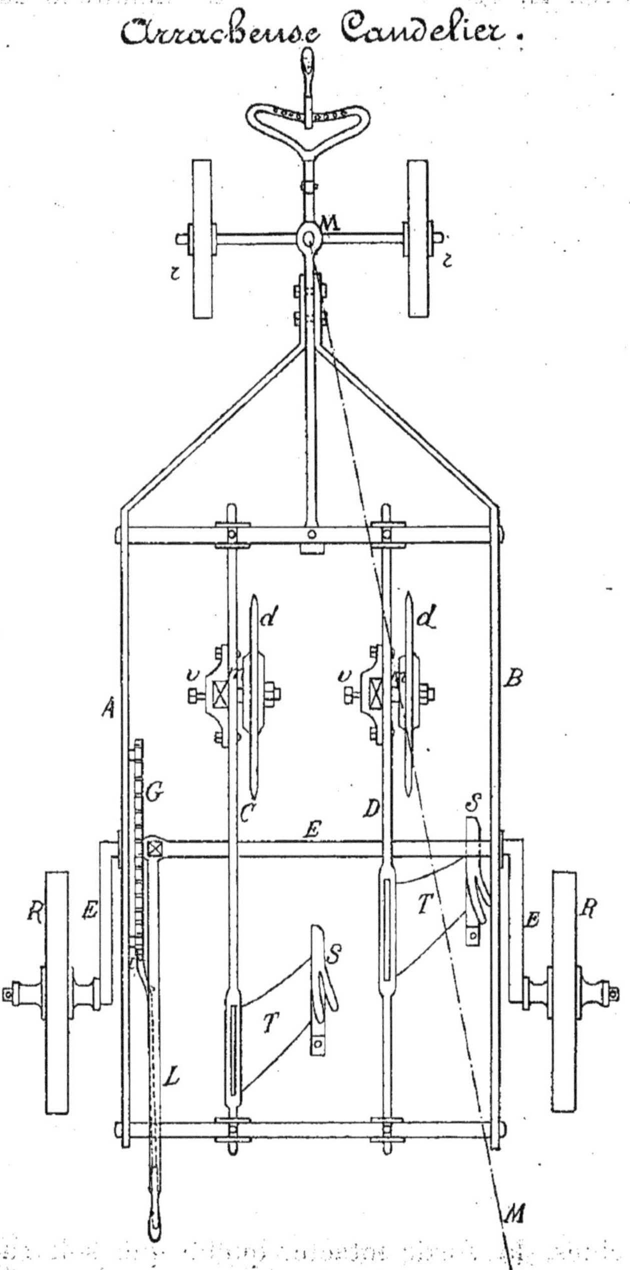

peut élever ou abaisser les axes de ces roues par l'action d'un levier L, et cet essieu peut être maintenu dans la position qu'on veut, au moyen d'une pièce *i*, manœuvrée de l'extrémité de L, qui s'encastre dans les différents crans du secteur G. Par ce moyen on peut régler et la profondeur et l'angle de pénétration des socs dans le sol.

Les corps T, boulonnés sur les traverses C et D, peuvent se déplacer avec ces traverses, qui se reportent à droite ou à gauche en les fixant, par des étriers et des clavettes, dans différentes positions sur toute la longueur des deux entretoises reliant A et B, de telle sorte qu'on peut modifier rapidement la position des corps T, si deux lignes de betteraves ne se trouvaient plus, pour une raison quelconque, à l'écartement primitif. Des disques en acier *d*, supportés par des tiges carrées, maintenus sur C et D, à la hauteur qu'on veut, par une pièce en fonte *m* et une vis *u*, taillent la terre et facilitent l'entrée des socs, en même temps qu'ils coupent les feuilles basses, qui pourraient engorger les tiges et bourrer entre le sol et le bâti. Un grand gouvernail M, que l'on peut manœuvrer de l'arrière de l'arracheuse, puissant par sa longueur même, permet de diriger l'instrument, et empêche les tiges T et les socs S d'agir trop près ou trop loin des betteraves.

C'est un appareil solide, bien disposé pour pénétrer profondément dans le sol et facile à diriger; avec un peu d'habitude, on peut passer assez près de la betterave sans la léser, et, tout en soulevant la terre qui entoure ses racines, la sortir intacte, quelle que soit sa longueur.

Fig. 76

Arracheuse à un rang Amiot & Bariat

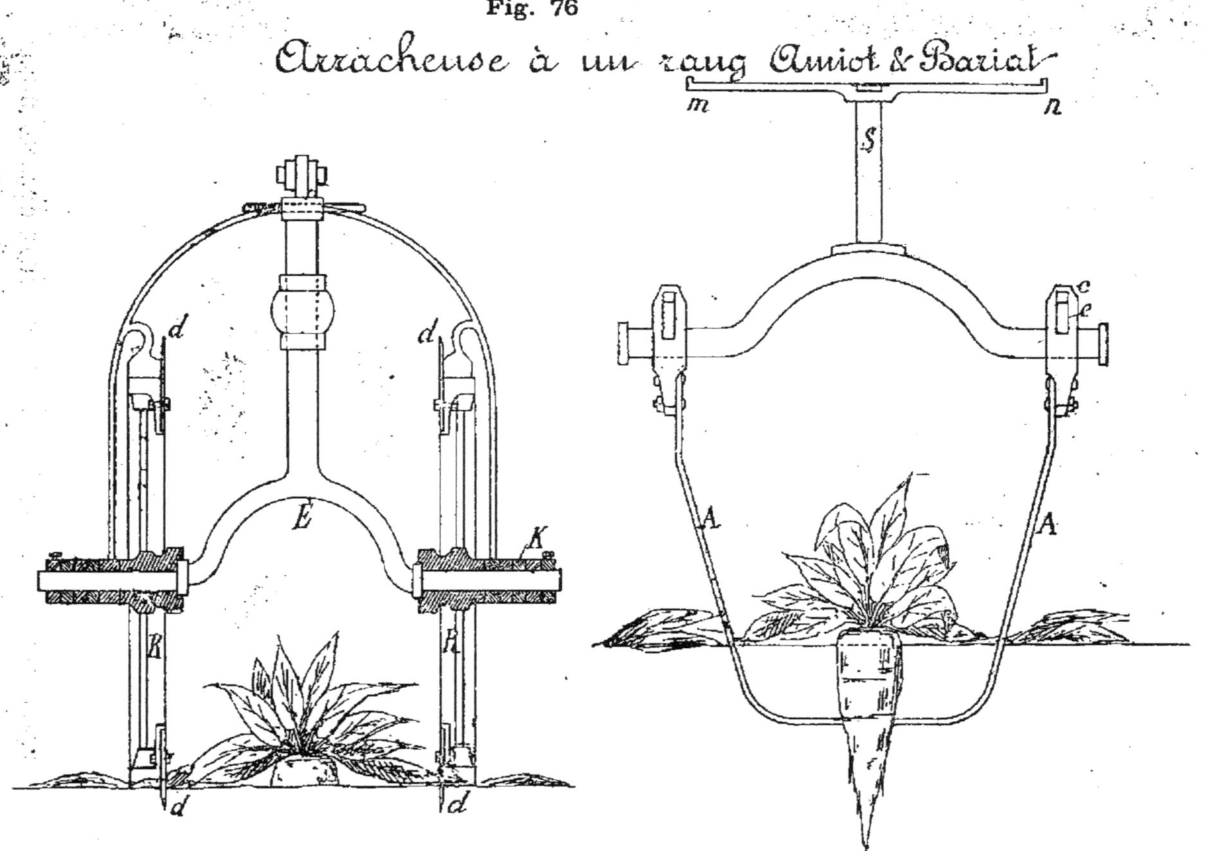

Les *bâtis* des arracheuses à griffes diffèrent un peu, selon les constructeurs, qui, sur la demande des agriculteurs, livrent des instruments, enlevant une, deux, trois, et même quatre lignes à la fois.

L'arracheuse à une ligne Amiot et Bariat (fig. 76) est montée sur un bâti à avant-train ; ces constructeurs attachent une grande importance à la fixité de l'appareil une fois en travail, et cherchent tous les moyens d'éviter le bourrage entre les tiges de socs par les feuilles de la plante. Ils obtiennent ce résultat par une disposition spéciale de l'avant-train, de l'âge et des branches porte-griffes. L'avant-train à deux roues est formé d'un essieu E, se relevant verticalement pour être pris dans une arcade où se trouve le mouvement de relevage ; il est supporté par deux roues R, munies de disques rapportés *d*, qui sont destinés à couper les feuilles de betteraves pendantes sur le sol ou les herbes, afin de les empêcher, en s'amoncelant, de bourrer et de soulever l'appareil et les socs ; des flottes K permettent de règler l'écartement des roues. Les branches A (fig. 74, 76 et 77), supportant les socs à griffes *f*, se fixent d'une manière très solide à la partie supérieure, sur une barre en acier située à l'arrière, à l'aide de clavettes *e* et de contre-clavettes *c* ; des tiges *t* (fig. 77) ramènent l'effort de traction des branches A sur la chaîne de tirage *s*, en se réunissant dans l'anneau *u* ; un levier L muni d'une poignée M sert à diriger l'appareil de l'arrière entre les manchons *m*. Cet instrument est très solide et très facile à diriger, lorsqu'il est engagé dans la ligne des betteraves à arracher.

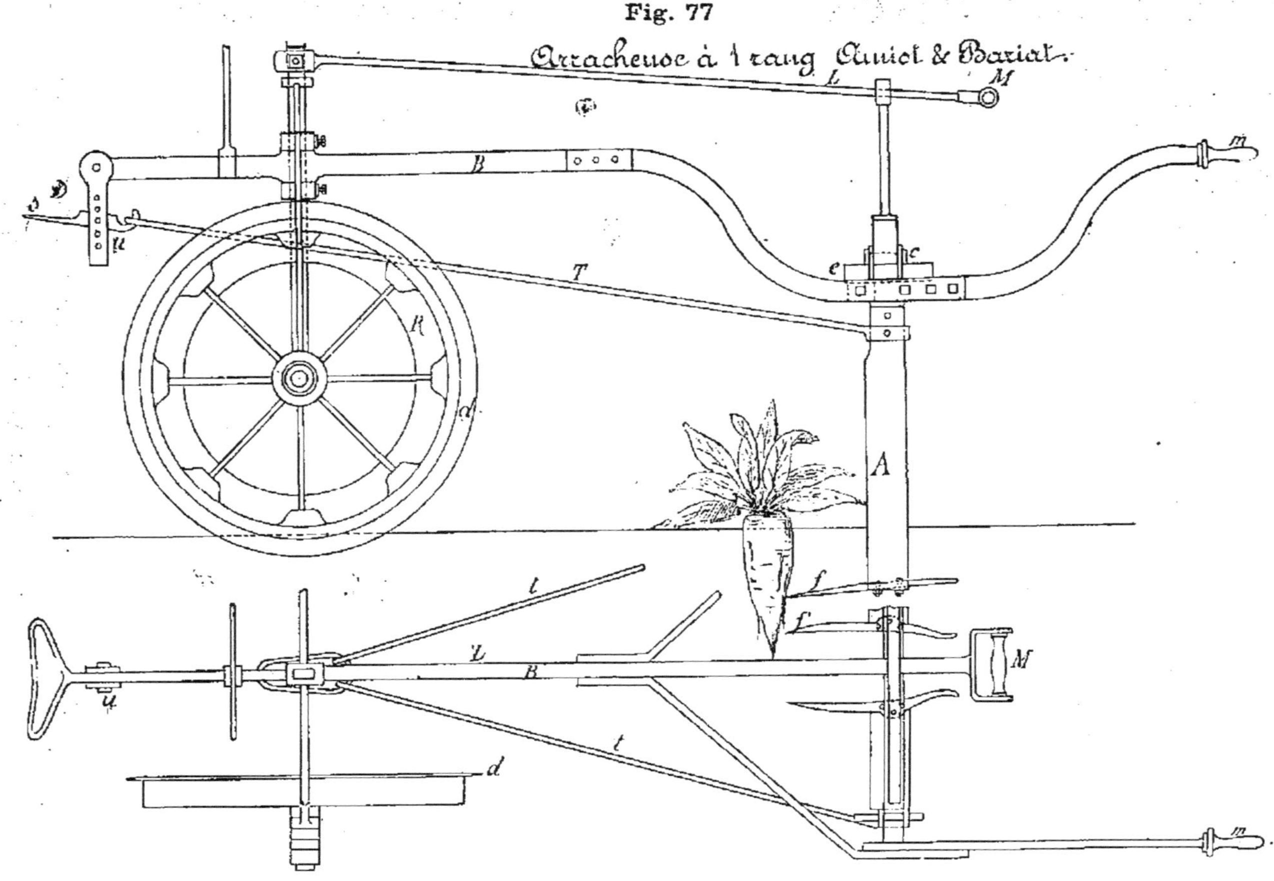

Fig. 77

Arracheuse à 1 rang Amiot & Bariat.

Le bâti de l'arracheuse à trois lignes de M. Bajac (fig. 78) porte un avant-train à deux roues, semblable à celui des doubles brabants, qui permet d'éloigner plus ou moins l'axe des roues R au moyen de flottes que l'on peut placer d'un côté ou de l'autre des moyeux E ; le régulateur *i* est disposé pour permettre de fixer la chaîne de tirage *c* dans des positions très différentes, selon le mode d'attelage des animaux employés (quelquefois quatre chevaux de front). Sur l'âge O en fer très solide est assemblée, dans l'axe mais en arrière, une barre B sur laquelle on fixe, à l'aide de colliers et de vis, les branches S des deux griffes arracheuses *s* ; des chaînes *g*, que l'on peut resserrer plus ou moins à l'aide d'anneaux taraudés où passent des vis, ramènent l'effort de traction sur l'avant de O et rendent toutes les pièces du système rigides ou solidaires.

Le levier L, muni d'une poignée placée à l'arrière entre les mancherons *m* qui agit sur l'avant-train, est aussi long que possible, ce qui permet au conducteur de diriger l'instrument d'une main et sans fatigue. Un traîneau à roulettes T permet de transporter facilement l'arracheuse de la ferme aux champs.

Quelle que soit la perfection de construction des arracheuses, elles demandent un grand effort de traction. Lorsqu'on se propose d'arracher quatre lignes à la fois, il faut un attelage composé de beaucoup d'animaux, ce qui augmente la difficulté aux tournants, et expose la plante à plus d'avaries causées par les pieds des chevaux ou des bœufs. Ce grand effort de traction fait son-

Fig. 78

Arracheur de betteraves à 3 lignes Bajac.

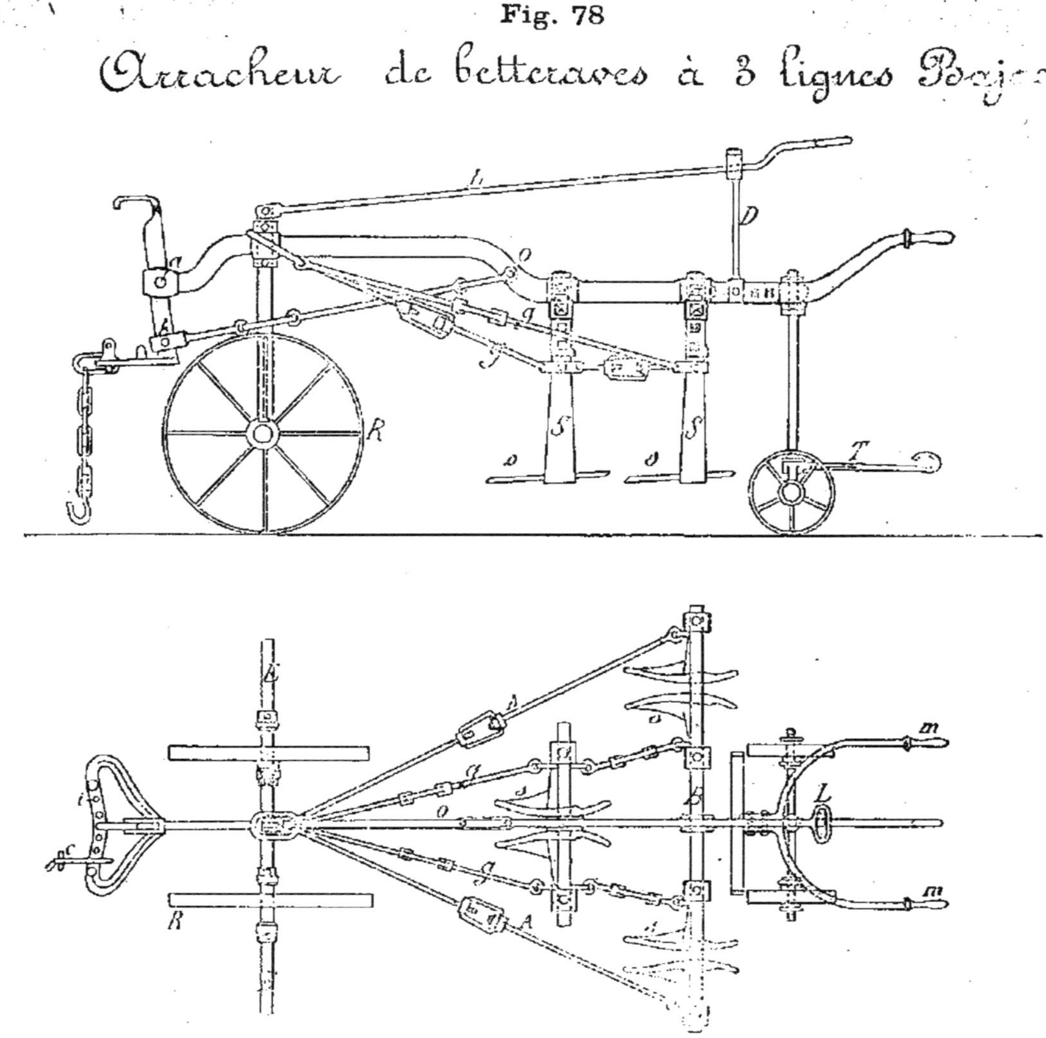

ger aux avantages qu'on pourrait tirer des treuils à vapeur pour ce travail ; mais il faudrait, pour arriver à de bons résultats, des appareils puissants et solides, et surtout des bâtis munis d'un gouvernail énergique ; c'est en effet l'action du gouvernail qui doit empêcher le câble de tirer l'arracheuse obliquement lorsque la machine ne se trouve pas absolument en face du milieu de l'espace des rangs à arracher : or quand le tirage ne se fait pas suivant la ligne des betteraves, un plus grand nombre de racines sont ou brisées ou non atteintes par les socs. L'économie serait assez sérieuse à une époque de l'année où l'agriculteur et le fabricant de sucre désirent conserver tous leurs attelages pour les transports.

Les arracheuses que je viens de décrire exécutent bien l'arrachage de betteraves proprement dit, c'est-à-dire le soulèvement des racines hors de la gangue de terre qui les emprisonne ; mais le travail n'est pas terminé par cette opération, il reste encore une main-d'œuvre importante, il faut couper le collet de la betterave ; ce collet qui porte les feuilles est composé d'une partie ligneuse riche en sels, nuisible à sa conservation et impropre à la fabrication du sucre ; aussi beaucoup de cultivateurs et de fabricants de sucre réclament-ils des outils d'arrachage exécutant aussi ce travail, auquel on donne le nom de *décolletage*. Les constructeurs, qui doivent avant tout se préoccuper des demandes des acheteurs, se sont attelés à la solution de ce problème.

MM. Amiot et Bariat ont construit un outil qui porte derrière l'arracheuse à griffes un coupe-collet, formé d'un disque à axe vertical animé d'un mouvement rapide de rotation ; il est précédé d'un sabot articulé relevé à l'avant, qui s'appuie sur le collet et fait ainsi agir le disque coupeur à une distance du dessus du collet fixée d'avance par le conducteur. L'appareil est bien compris, mais il demande encore quelques perfectionnements. M. Bajac essaie une machine effectuant le même travail.

Ces appareils donnent une sérieuse économie de main-d'œuvre ; mais le décolletage immédiat de la betterave présente de sérieux inconvénients : il faut, après le passage de l'arracheuse, enlever cette racine et, lorsqu'elle est privée de collet, on ne peut facilement la prendre que si elle est couchée presque horizontalement dans le sens de la traction ; pour obtenir ce résultat, on ne peut éviter de tirer la plante obliquement, ce qui fait casser sa partie pivotante, l'expose au soleil et à la gelée, et la laisse dans une gangue de terre que l'on ne peut faire tomber ; cette gangue, souvent durcie par les premiers froids, adhère à la betterave, même après un lavage énergique, entraînant souvent au coupe-racines les pierres qu'elle enserre. Le nettoyage préalable de la betterave ne peut se faire que si elle est laissée verticale après l'arrachage, et, dès que le sol est assaini, secouée par des ouvriers qui passent entre deux rangs. Ces ouvriers prennent une betterave dans chaque main ; en les frappant l'une contre l'autre, ils font tomber une grande partie de la terre. C'est après cette première opération qu'on coupe le collet ; puis on réunit les betteraves en tas et on les recouvre ensuite avec les collets munis de feuilles, que l'on vient de couper.

Dans son outil coupe-collet, M. Bajac a cherché à dégager de suite la betterave de la terre qui l'enveloppe, mais il faudrait voir travailler l'appareil dans des terres grasses et par les temps humides pour pouvoir affirmer qu'il a réussi.

Beaucoup d'agriculteurs seront encore longtemps rebelles à l'emploi de ces appareils, car ils préfèrent mettre les betteraves en tas sur le champ sans les décolleter, en ayant soin de les disposer en cercle, racines tournées vers le milieu du tas, feuilles en dehors. La betterave ainsi placée se conserve mieux, continue à mûrir comme le blé en moyettes, et par conséquent augmente de densité ; reste à savoir si cette augmentation de densité compense l'augmentation de main-d'œuvre.

Prix de revient de l'arrachage mécanique de la betterave. — Il est assez difficile de donner un prix de revient exact de l'arrachage mécanique de la betterave. Il dépend de la nature des terres, de l'enfoncement de la racine dans le sol, de l'état de l'atmosphère, du nombre de socs que porte l'arracheuse, de l'écartement des lignes, de la longueur des réages, toutes choses qui influent sur la surface travaillée en dix heures ; enfin il dépend du nombre d'animaux employés et de leur allure. Les arracheuses à plusieurs lignes présentent évidemment des avantages, mais, outre quelles sont plus difficiles à conduire, elles obligent à laisser de plus grandes fourrières pour permettre aux attelages de tourner aux reprises.

Une arracheuse à un rang peut faire un hect. à un hect. 20 par jour avec deux chevaux en terrains légers, trois chevaux en terrains forts, lorsque les betteraves sont semées à 0,40 d'écartement environ. Une arracheuse à une ligne avec son traîneau coûte de 150 à 160 fr.

La dépense journalière peut s'établir à peu près ainsi :

Un conducteur	3 fr.
Trois chevaux à 5 fr. par jour	15 »
Intérêt et amortissement de 160 fr. à 15 % l'an pendant 15 jours de travail.	1 60
Réparation de socs.	» 40
Total	20 fr.

18 à 20 francs de l'hectare pour l'arrachage et autant pour le décolletage et la mise en tas à la main, soit de 36 à 40 fr. l'hectare pour le travail complet.

Le transport des betteraves hors du champ présente en outre de sérieuses difficultés, surtout par les automnes humides. M. Bajac construit un appareil chargeur, placé derrière l'arracheuse, qui amène les betteraves au bout du champ. A l'œuvre on verra si cet appareil est pratique.

Les arracheuses de betteraves peuvent aussi servir à la récolte des chicorées dont la culture a pris une grande importance dans le nord de la France ; il faut seulement changer la forme des griffes et avoir des socs spéciaux s'adaptant sur le bâti de l'arracheuse.

Arracheuse de betteraves à mouvement circulaire. — Avant de terminer ce chapitre sur les arracheuses de betteraves, je crois devoir signaler une nouvelle arracheuse qui avait attiré l'attention à la dernière Exposition universelle d'Anvers ; depuis, cet instrument a fait un travail suivi pendant la dernière campagne sucrière en Belgique. Cet appareil, dû à un constructeur belge M. Frennet-Wauthier de Fleurus, dit *arracheur-décolleteur*, est établi sur un principe tout-à-fait différent de celui qui a présidé à la construction des arracheuses que je viens de décrire. Ces dernières en effet dérivent de la charrue, et fonctionnent comme des sous-soleuses ; la betterave soulevée reste à la même place ; elles n'arrachent pas à proprement parler la betterave, elles la dégagent seulement ; au contraire l'instrument de M. Frennet-Wauthier arrache réellement la racine, il la soulève complètement de terre, pour la laisser ensuite retomber librement sur le sol.

Cette arracheuse se compose de deux couronnes à disques tranchants en tôle d'acier montées sur deux roues indépendantes de 0m95 de diamètre. Au lieu d'être disposés dans un plan vertical, ces disques tranchants se rapprochent l'un de l'autre quand ils pénètrent dans le sol, et ce rapprochement peut être modifié suivant la grosseur des betteraves. Une espèce d'âge, fixé sur l'essieu des roues porteuses, est muni du côté de l'attelage d'un avant train à deux roues qui se dirige comme celui d'un semoir. A l'aide d'un levier à secteur, à la portée du conducteur, on peut faire varier, par rapport au niveau du sol, la hauteur de l'essieu des roues, et par cela même relever ou abaisser les disques tranchants pour les faire travailler à la profondeur voulue, qui dans tous les cas ne dépasse pas 7 à 8 centimètres, largeur maxima du rebord des roues à couronnes. Quand on a placé le milieu de l'âge au-dessus de la ligne de betteraves, on règle la profondeur, et on met en mouvement l'attelage qui tire l'instrument. Les disques tranchants pénètrent dans le sol et se mettent à tourner; les betteraves saisies alors par le collet, et coincées entre la partie resserrée des couronnes sont soulevées par le mouvement de rotation des disques, et sortent complètement de terre. Les lames tranchantes sont plus rapprochées en bas qu'en haut, et agissent ainsi graduellement, de sorte que l'effort exercé sur le collet diminue avec l'élévation des racines, et il arrive un moment où, suivant la tangente au cercle décrit par les lames, les betteraves sont abandonnées et retombent d'elles-mêmes sur le sol.

Cet instrument est complété par un *décolleteur*, formé par un couteau vertical monté sur un double support en fonte assez lourd ; ce couteau vertical est flanqué de deux petits couteaux horizontaux, qui tranchent les deux moitiés du collet séparées par le couteau vertical. Deux oreilles, situées en arrière des couteaux horizontaux, détachent les branches coupées. Ce *décolleteur*, comme celui de MM. Amiot et Bariat, relève où s'abaisse suivant la hauteur du collet.

L'arracheuse de betteraves Frennet-Wauthier doit

demander moins d'efforts que les autres, mais il faudrait voir fonctionner cet outil sur de grandes étendues, et dans des terrains de consistances très différentes, pour être fixé sur la qualité de son travail et l'économie qu'il présente.

Chapitre VII

Arracheuses de tubercules.

La culture de pommes de terre a pris un grand développement dans les pays où l'on a établi des féculeries, et il est nécessaire, lorsqu'on a affaire à de grandes étendues, d'avoir recours à des moyens mécaniques spéciaux pour effectuer la récolte de ces tubercules.

Dans les terrains sablonneux, on peut se servir d'une simple charrue. dont le soc passe au-dessous des pommes de terre les plus profondément enfoncées ; mais, si le sol est un peu humide, elles sont simplement retournées sans être débarrassées de la terre qui les entoure ; il faut une main-d'œuvre considérable pour détacher cette terre et encore on risque de ne pas ramasser tous les tubercules. On s'est appliqué à chercher des appareils plus perfectionnés. Pendant longtemps les arracheuses de pommes de terre n'ont été que de simples butteurs, formés de versoirs à claire-voie, dont le premier type bien construit est dû à M. Howard. Le bâti de cet instrument est le même que celui des butteurs ordinaires. Quant à l'arracheur proprement dit, il se compose d'un soc large, suivi d'un premier versoir à claire-voie qui émiette la terre et la fait retomber à travers les interstices de la claire-voie ; plus loin derrière, se trouve un second versoir également à jour, débarrassant encore les tubercules de la terre, qui a pu y rester attachée ; mais on a reconnu que les versoirs formés de branches fixes, ne secouent pas assez pour obtenir un complet nettoyage.

M. Bajac a construit un corps d'arracheuse, où les montants à claire-voie sont mobiles. Ce soc représenté (fig. 79) se compose d'une pointe *p*, prolongement du sep *s*, suivi d'un soc plus large S ; derrière se trouve une série de branches B, mobiles autour d'un boulon a *b* : Ces branches B portent à leur extrémité des chapes *c*, embrassant des disques à quatre branches pouvant tourner autour d'axes K. Tout le système est attaché au bâti de l'arracheuse par une tige courbe T. La pointe *p* passe au-dessous des pieds de pommes de terre que S soulève ; les tubercules sont alors jetés sur les barres B et secoués par le mouvement de soulèvement qu'imprime à ces barres B la rotation des disques D.

Les barres B s'élèvent l'une après l'autre, de sorte que les tubercules sont à la fois secoués et frottés sur les côtés. Cet appareil donne d'excellents résultats dans les terrains légers ou de consistance moyenne.

Pour répondre aux demandes d'un certain nombre d'agriculteurs et de féculiers, qui avaient trouvé que les arracheuses précédemment décrites n'enlevaient pas suffisamment la terre qui entoure les tubercules, les constructeurs se sont ingéniés à trouver des appareils répondant mieux aux desiderata ; et ils ont établi des instruments qui donnent peut-être un meilleur travail, mais sont plus lourds et coûtent plus cher. Ils prétendent avec ces outils arriver à arracher et nettoyer la

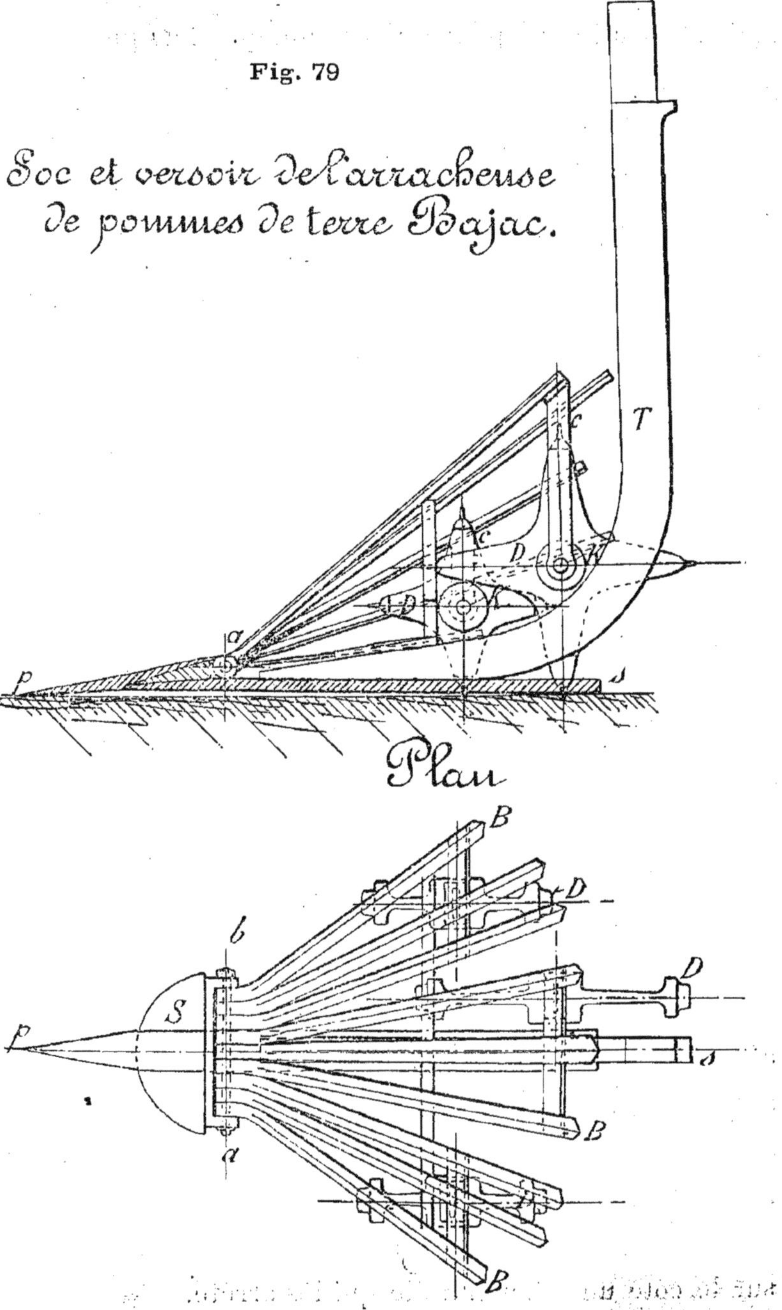

Fig. 79

pomme de terre, même dans des terrains un peu forts ; mais ce résultat ne peut être obtenu que lorsque le sol n'est pas détrempé par les pluies.

L'arracheuse de pommes de terre *Ransome* (fig. 80) se compose d'un bâti supporté par deux grandes roues R, portant d'un côté un timon T et des palonniers pour l'attelage ; de l'autre l'appareil d'arrachage proprement dit, qui est formé par un soc S, réglé à l'avance pour passer au-dessous des tubercules le plus profondément enfoncés dans le sol ; en arrière se trouve un disque G portant huit griffes disposées en hélice.

Quand les animaux tirent l'instrument, le soc S l'enfonce dans le sol et passe au-dessous des pommes de terre, qui, ainsi soulevées, sont rejetées par le mouvement de rotation du disque G. Ce mouvement de rotation est obtenu de la manière suivante : Sur l'essieu *o* des roues est calé un engrenage A, commandant un pignon B, fou sur l'arbre *o'*, qui porte l'engrenage conique *c*, actionnant le pignon conique D, solidaire de l'arbre du disque à griffes G. Le mouvement se transmet à G au moyen d'un cliquet, de telle sorte que ce disque ne tourne que dans le sens de la traction.

Pour élever ou abaisser tout le système par rapport au sol, le conducteur assis en V, agit sur le levier L, fixé à l'arbre *d* solidaire d'une manivelle *b d*, qui élève ou abaisse tout le système par rapport à l'essieu *o*, par l'intermédiaire de la bielle *b a* ; afin que les tubercules ne soient pas projetés trop loin par le disque G, on place sur le côté un écran en toile qui les arrête.

Fig. 80

Arracheuse de pommes de terre
Système Ransome

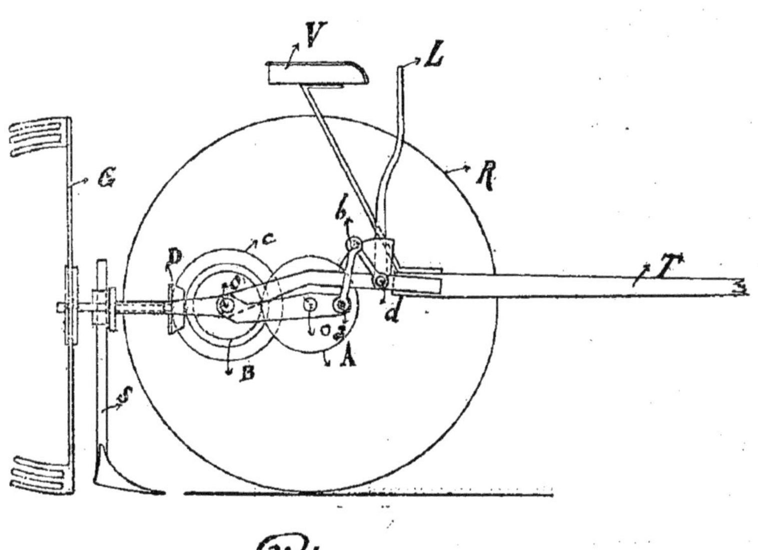

Plan

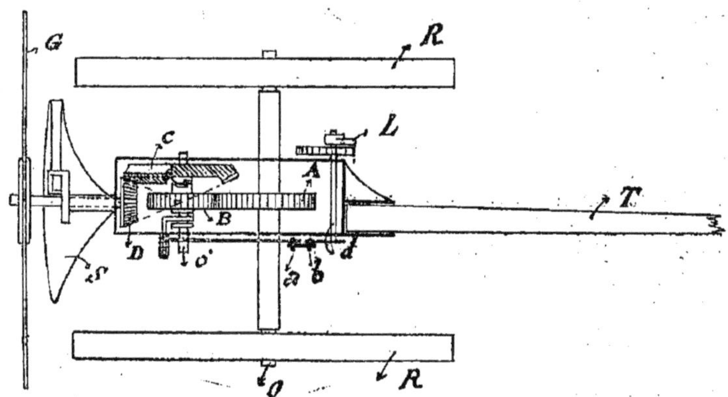

L'arracheuse de pommes de terre introduite en France et perfectionnée par M. Pilter (fig. 81) est établie sur le même principe. Le bâti U est supporté par deux grandes roues R, et la traction se fait par un timon T. Derrière se trouvent le soc S et le plateau à griffes G ; le soc S fort large est supporté sur le côté de U par une tige K, qui est fixée à la hauteur voulue par une contre-plaque *r*, serrant cette tige sur U par deux boulons *b b*. Le soc S passe sous les touffes de pommes de terre qu'il soulève ; ces pommes de terre *p* sont projetées violemment, par le mouvement de rotation de G et les fourches, sur un disque M, muni à son pourtour de baguettes en bois. L'axe de M est supporté par une tige *t* sur laquelle se fixe le support de l'arbre *o'*, qui peut être, selon les besoins, plus ou moins éloigné du bâti en se déplaçant sur la tige *t* ; M fou sur son axe *o'*, mis en mouvement dans le sens de la flèche par la projection violente des pommes de terre *p*, achève de débarrasser les tubercules de la terre qui les entoure. Le mouvement est donné au disque porte-griffes G par l'axe des roues R. Cet axe *x y* porte un engrenage A actionnant B fou sur un manchon entourant l'arbre *m n*, dont il peut être rendu solidaire par l'embrayage à mâchoires *j*. Sur le manchon de B est calé l'engrenage conique D, actionnant le pignon *d*, qui transmet le mouvement à *o* axe du disque G.

Cet appareil fonctionne bien quand la terre est sèche, et nettoie les pommes de terre, mais dans les terres un peu fortes, il demande un assez grand effort de traction.

Fig. 18

Arracheuse de pommes de terre Pilter.
Vue en bout

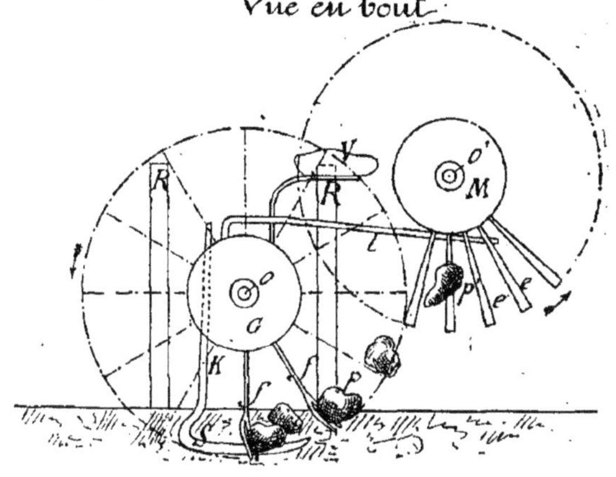

Plan

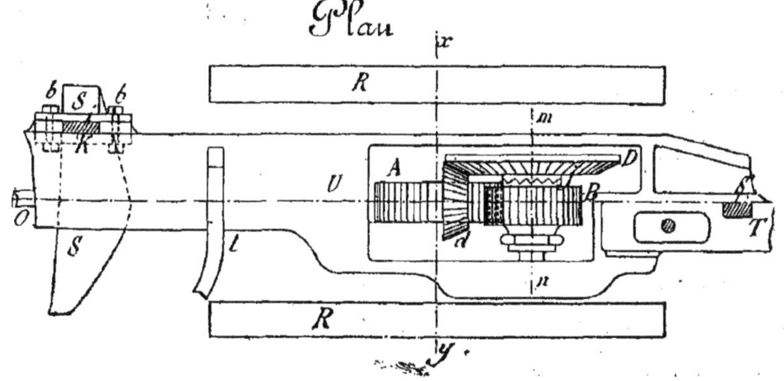

Prix de revient de l'arrachage mécanique des pommes de terre. — Il est assez difficile d'établir le prix de revient de l'arrachage mécanique des pommes de terre, les instruments employés pour ce travail présentant des types très différents, et exigeant des efforts de traction fort variables suivant la nature du sol et son état. Les dernières machines décrites, les arracheuses Ransome et Pilter, ne peuvent être conduites que par trois ou quatre chevaux, car les fourches nettoyeuses prennent beaucoup de force. La pomme de terre arrachée, il faut souvent la secouer et enfin la mettre en sac, ce qui nécessite une main-d'œuvre plus ou moins coûteuse selon le nombre d'ouvriers employés et le prix qu'on les paie. Enfin la surface travaillée par l'outil dépend de l'écartement des lignes, de la grosseur et du nombre des tubercules, et de la vitesse des animaux de trait. Avec des données aussi variables, il est impossible d'indiquer d'une manière précise le prix de revient de l'hectare arraché.

Ce volume termine les *instructions pratiques sur l'utilité et l'emploi des machines agricoles sur le terrain*. J'ai dit que l'emploi des machines s'impose aujourd'hui pour la plupart des travaux de préparation des terres, d'entretien et de récolte des plantes, par suite de la cherté et de la rareté de la main-d'œuvre ; mais il est certain que pour les introduire dans une contrée où l'on n'a pas l'habitude de s'en servir, il faut ne mettre en œuvre que des instruments du bon fonctionnement desquels on est assuré ; aussi, pour réussir, il faut que le propriétaire ou le chef de culture aille, hors de la vue de ses ouvriers, apprendre le maniement des outils nouveaux, et il doit au début les conduire lui-même, lorsqu'il les fait travailler sur ses terres. Si cependant il n'a ni le temps ni les moyens de faire son apprentissage au dehors, il doit essayer l'instrument dans un champ isolé avec un conducteur sur le zèle et la discrétion duquel il puisse compter. C'est alors que les détails, que j'ai donnés dans cet ouvrage sur le montage et la mise en marche des machines agricoles, faciliteront au chef d'exploitation la conduite de l'instrument nouveau, qu'il pourra ensuite, après l'avoir bien réglé, faire fonctionner avec succès devant ses ouvriers. S'il en est ainsi, j'aurai atteint le but que je me suis proposé en écrivant ce livre.

TABLES DES MATIÈRES

DE LA TROISIÈME PARTIE

Récoltes

Récolte des Fourrages

Récolte des Céréales

Récolte des racines et des tubercules

CHAPITRE VI

Table Alphabétique des Matières

Table Alphabétique des Figures

APPENDICE DU 3me VOLUME

SEMAILLES

INSTRUMENTS DE LA MAISON SAMUELSON

FAUCHEUSE

Voir pages.................... 7 et 15

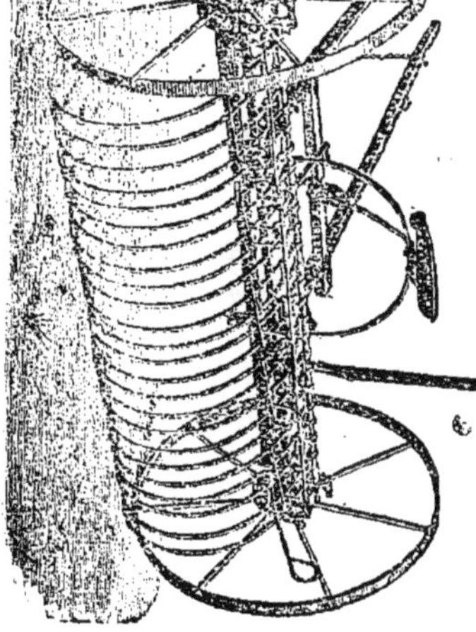

RATEAU A CHEVAL

Voir page.................... 66

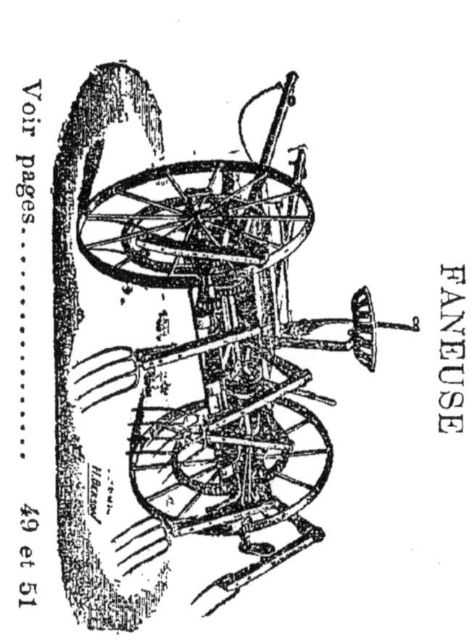

FANEUSE

Voir pages.................... 49 et 51

MOISSONNEUSE LIEUSE

Voir pages........ 111, 115 et 140

FAUCHEUSE WOOD

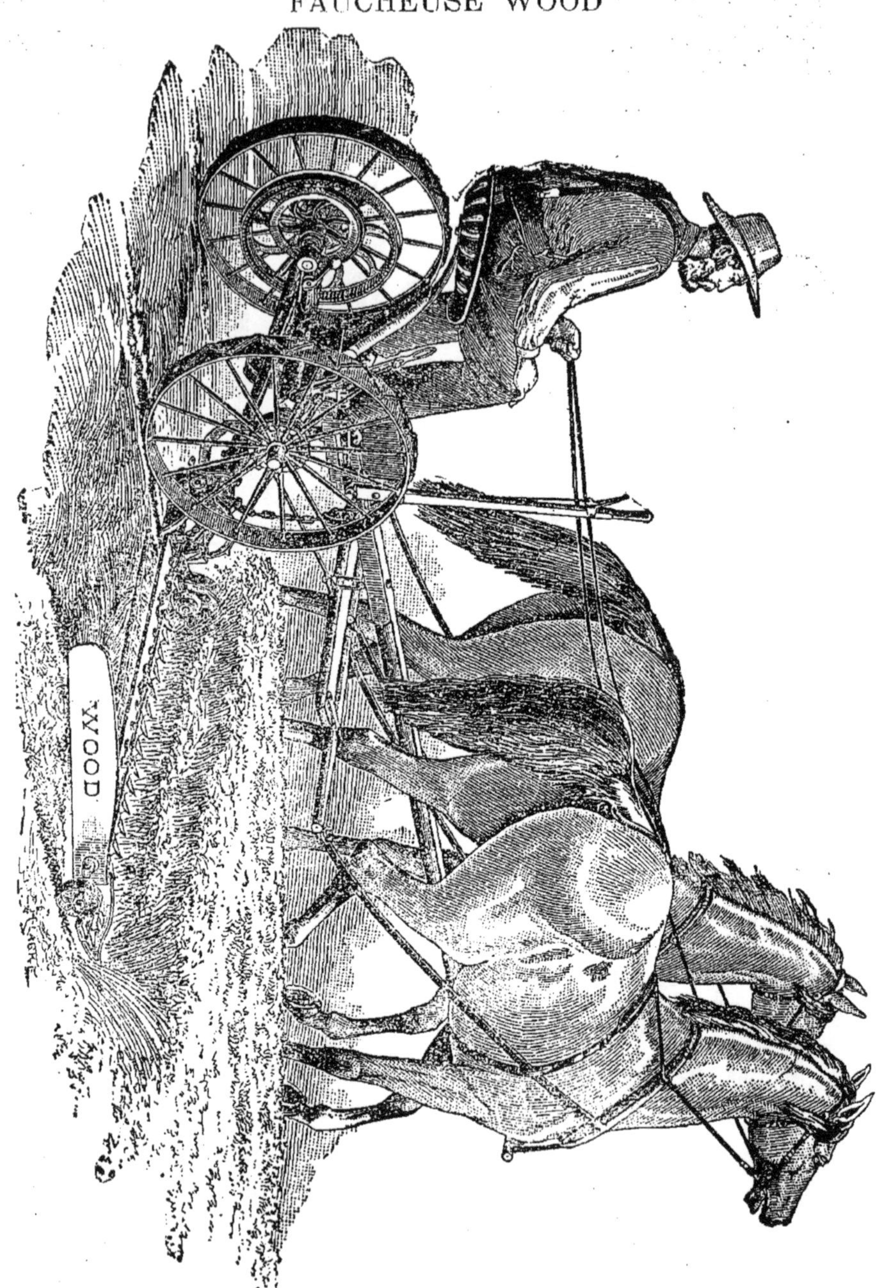

Voir pages.. 1, 7, 19 et 25

FAUCHEUSE MAC CORMICK

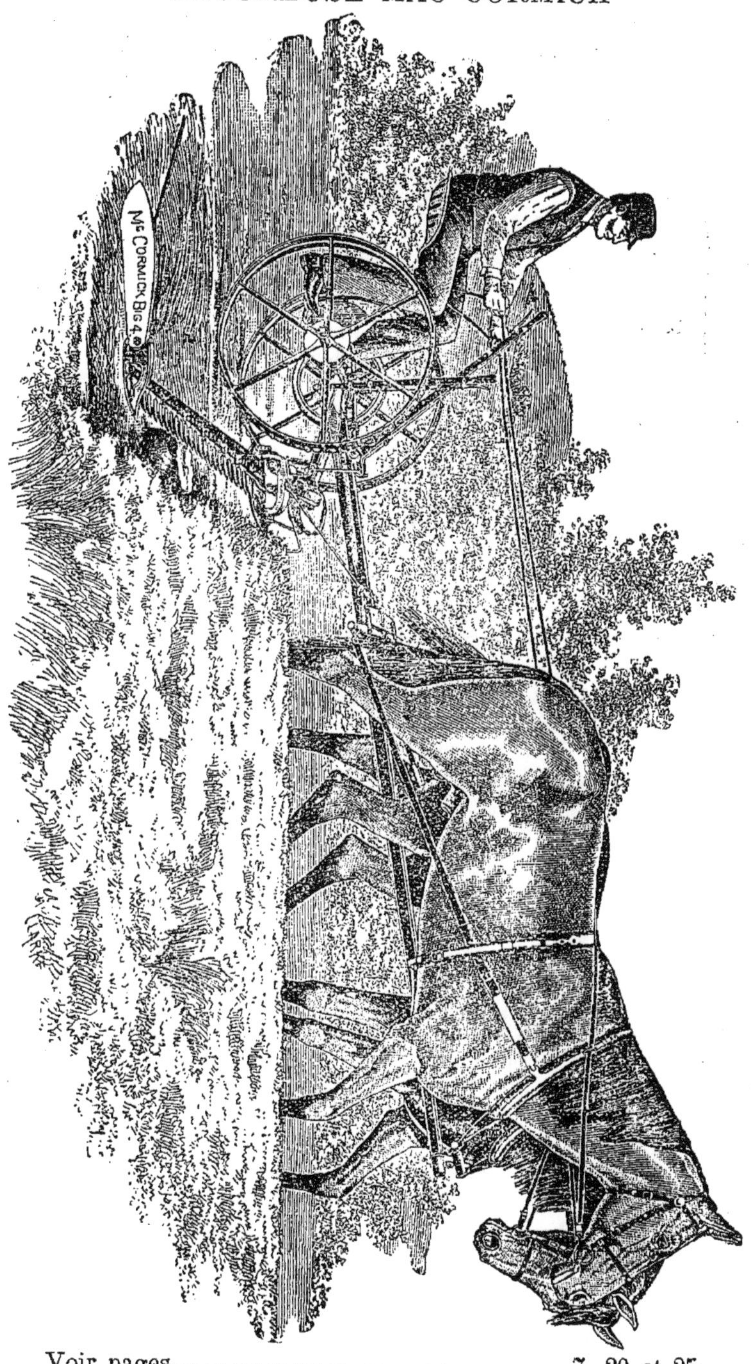

Voir pages.............................. 7, 20 et 25

FAUCHEUSE ADRIANCE PLATT

Voir pages.................. 10 et 24

FANEUSE HOWARD

Voir pages.................................. 40 et 46

RATEAU A CHEVAL EMILE PUZENAT

Le Lion

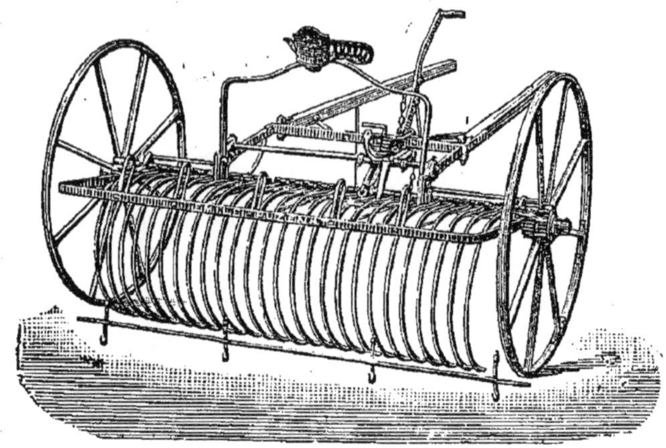

Voir page 61

RATEAU A CHEVAL LÉGER EMILE PUZENAT

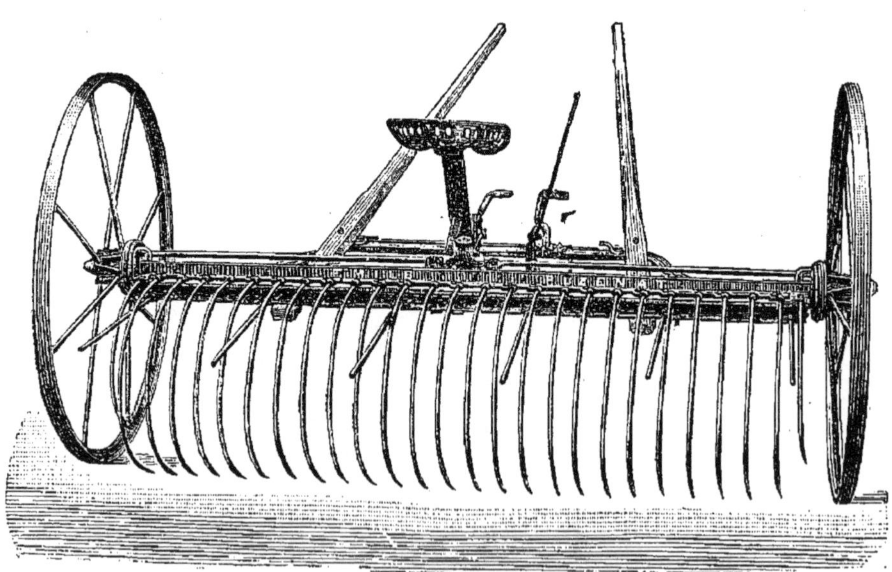

Voir page.................... 71

RATEAU A CHEVAL *(à frein)* HOWARD

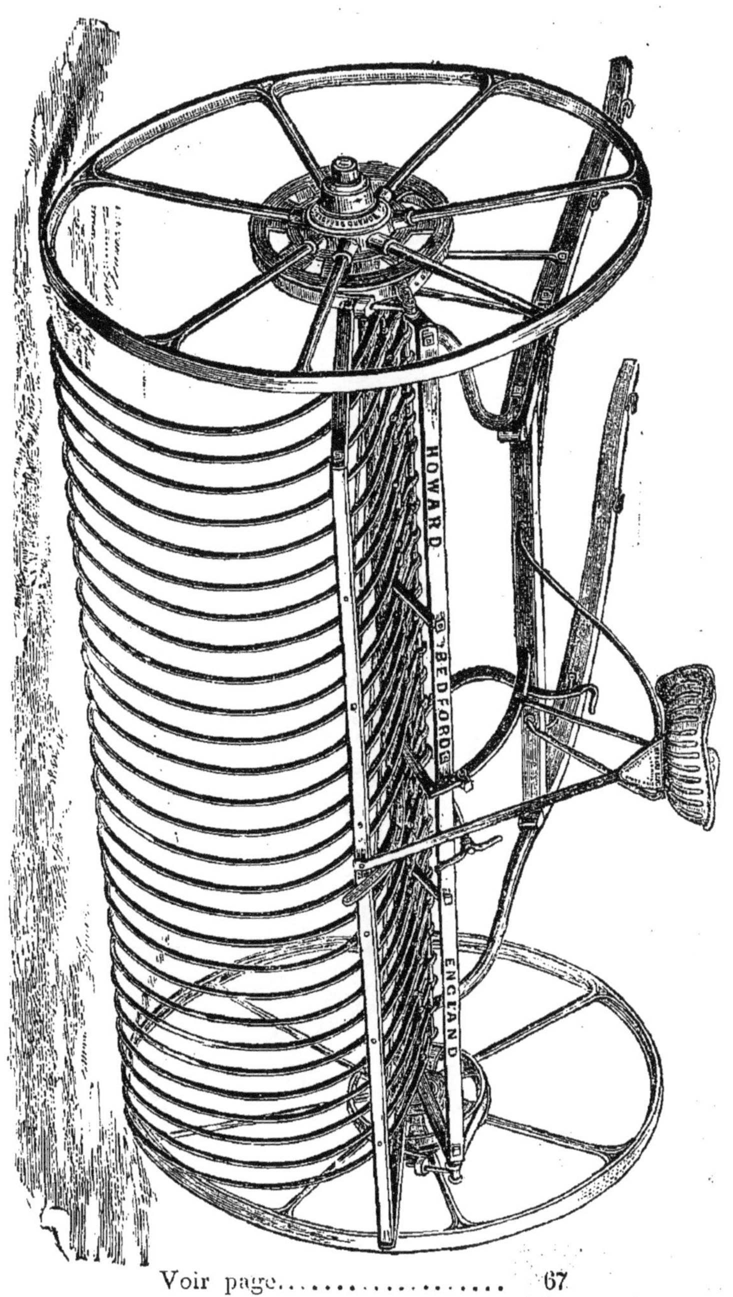

Voir page.................... 67

RATEAU WOOD

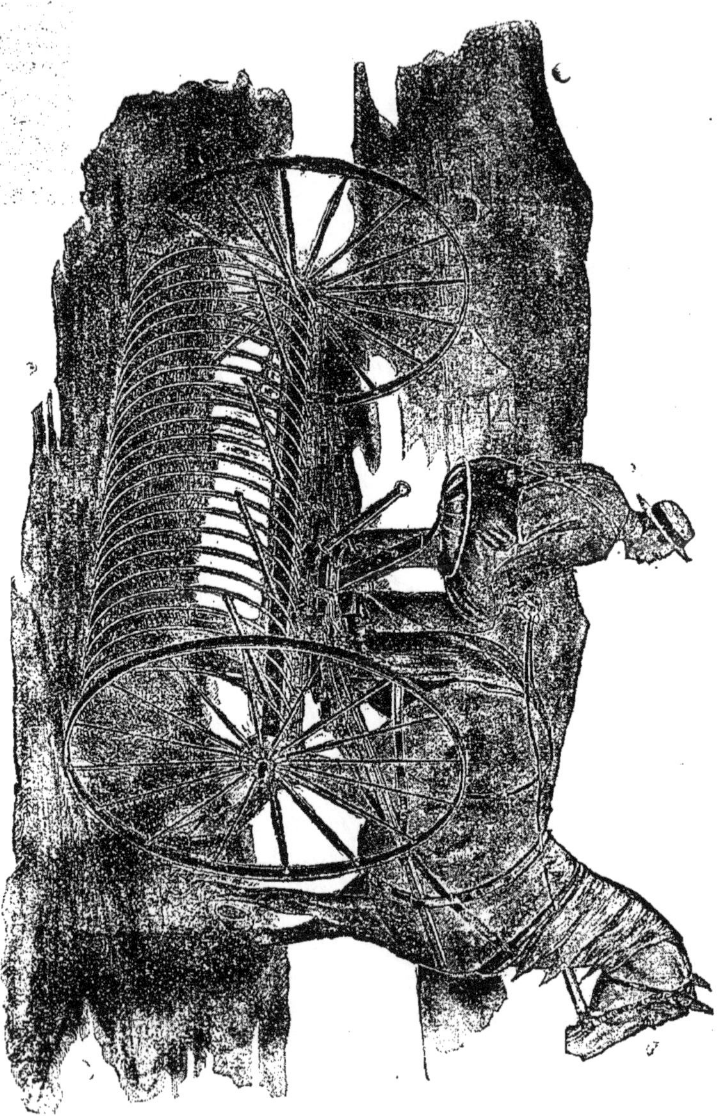

Voir page..................... 68

MOISSONNEUSE JAVELEUSE MAC CORMICK

Voir page..................... 92

MOISSONNEUSE LIEUSE MAC CORMICK

Voir pages.............. 123 et 148

MOISSONNEUSE LIEUSE WOOD A TABLIER ÉLÉVATEUR

Voir page........................... 120

ARRACHEUSE DE POMMES DE TERRE PILTER

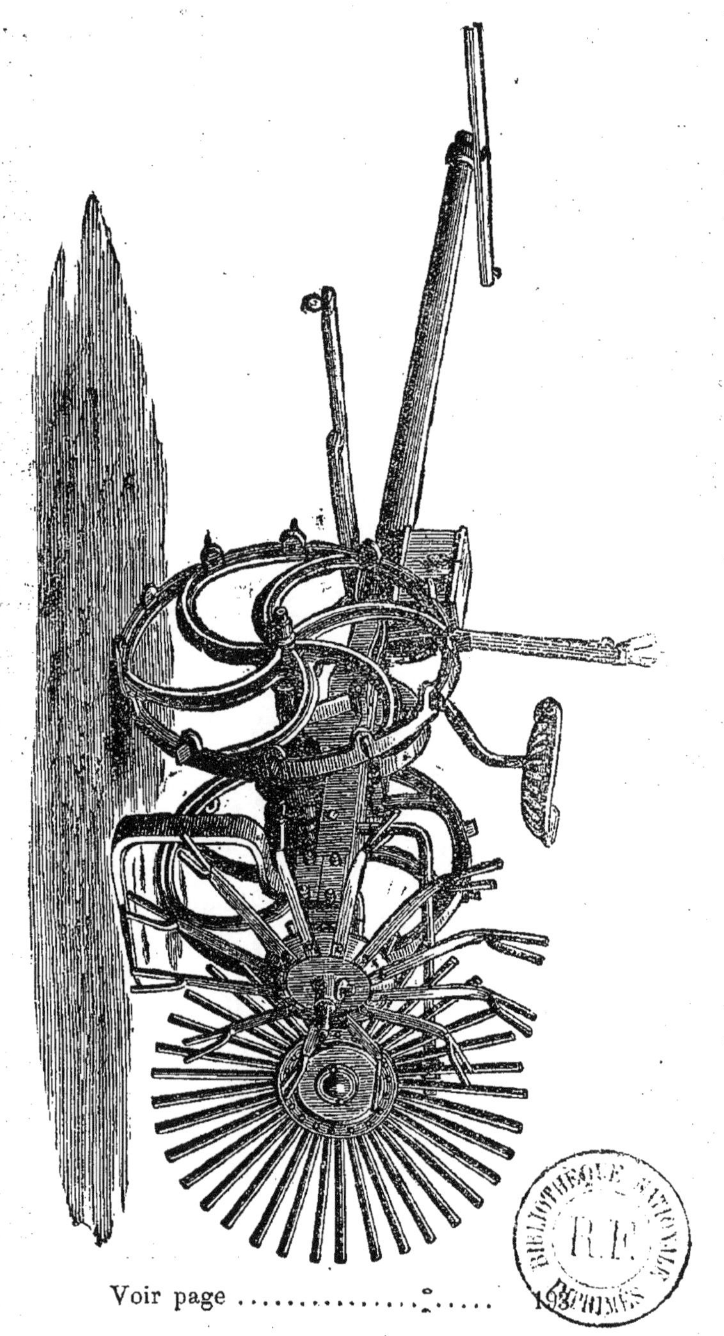

Voir page 193

ARRACHEUSE DE POMMES DE TERRE RANSOME

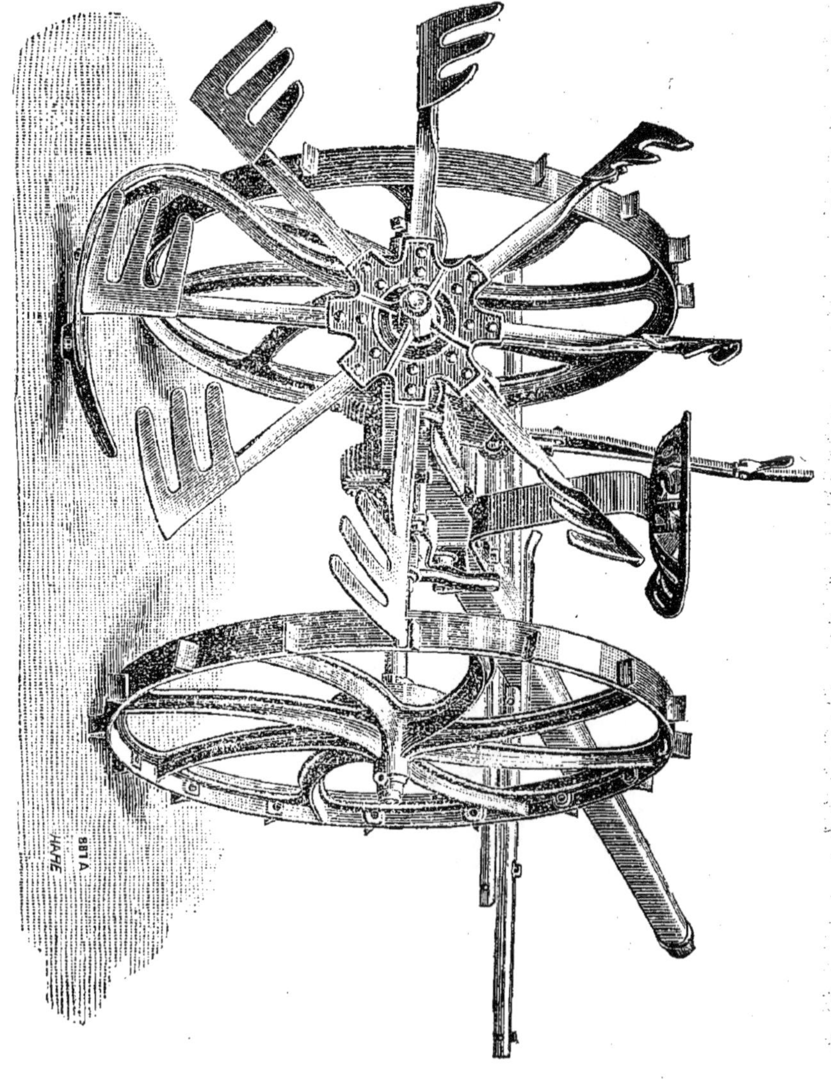

Voir pages................. 190 et 191

ARRACHEUSE DE POMMES DE TERRE BAJAC

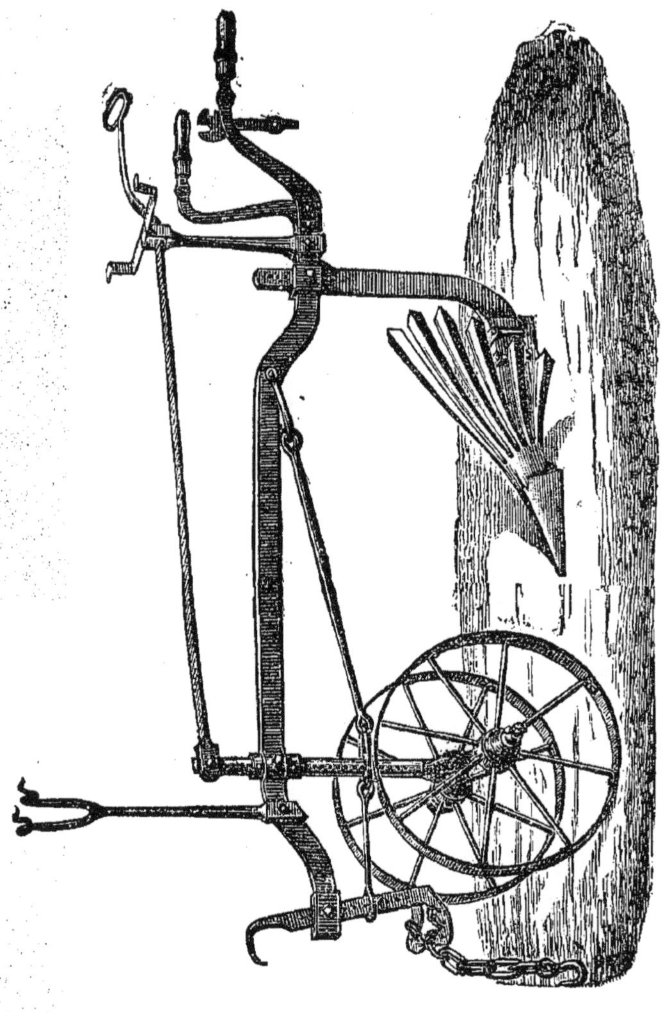

Voir page.................... 187

ARRACHEUSE DE BETTERAVES BAJAC

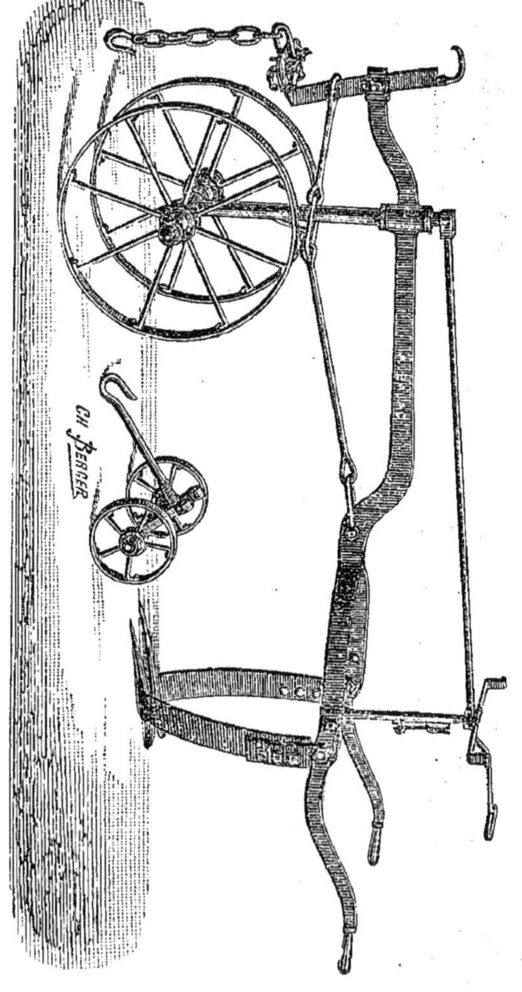

Voir page.................... 179

MOISSONNEUSE LIEUSE ADRIANCE PLATT

Voir page.............................. 126

MOISSONNEUSE LIEUSE WOOD

(Dernier Modèle)

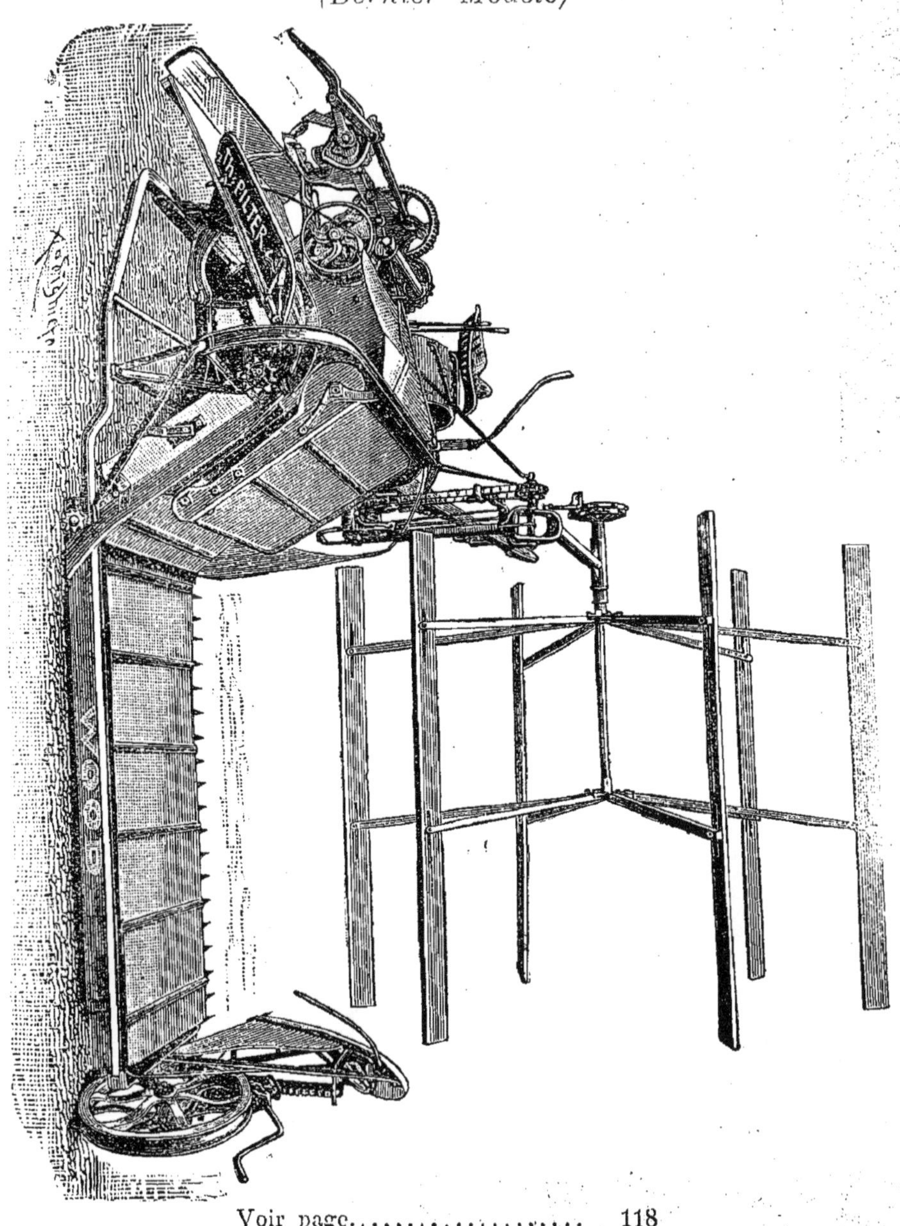

Voir page.................... 118